実物大

直径25cm
S型
東京都では、現在ほとんどが直径25cmのものがつかわれている。

直径30cm
M型
東京都をのぞく全国では、直径30cmのものがいちばん多い。

直径45cm
L型
直径45cmのものは高速道路のトンネルなどにつかわれている。

米村でんじろう 監修

電気が いちばん わかる本

① 明かりのひみつ

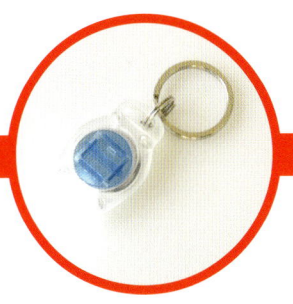
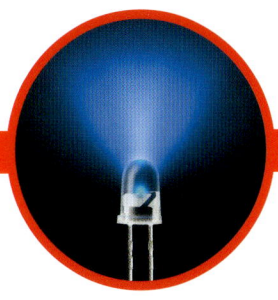

ポプラ社

　部屋の明かり、ドライヤー、そうじき、テレビ……これらはみんな電気でついたりうごいたりするものです。身のまわりを見わたしてみると、電気の力を利用したものであふれています。いまや、わたしたちの生活にとって、電気はかかせないものとなっています。

　この「電気がいちばんわかる本」シリーズでは、そうした電気について、わかりやすくかいせつしています。
　この本は３つのパートにわかれていて、パート１では、身のまわりにある電気を発見し、パート２では、電気のしくみについて具体例をもとに学んでいきます。パート３では、たのしい実験や工作によって、さらに理解をふかめることができます。

　１かんでは、電気が明かりをともすしくみをかいせつしています。身のまわりにある明かりは、電気の力でどのように光るのか、見ていきましょう。

ぼくは電気のことを研究している博士だよ。いっしょに電気のことを学んでいこう！

もくじ

はじめに……………………………… 2

パート1 明かりをさがせ！

家の明かり………………………………………… 4
まちの明かり……………………………………… 6
いろいろな場所の明かり………………………… 8

パート2 明かりがつくしくみを見てみよう

明かりがつくのはどうして？……………………………… 10
明かりのつくかん電池のつなぎかた……………………… 12
電池は、かたちも大きさもいろいろ……………………… 14
電気ってどんなもの？……………………………………… 16
電流がながれるもの、ながれないもの…………………… 18
白熱電球のしくみ…………………………………………… 20
蛍光灯のしくみ……………………………………………… 22
LEDってどんなもの？……………………………………… 24

まめちしき 明かりの歴史……………………………… 26

パート3 明かりの実験と工作

エジソン電球をつくろう…………………………………… 28
テスターをつくって、電流がながれるものをさがそう… 30
ぐにゃぐにゃくぐりをつくろう…………………………… 31
レモン電池で明かりをつけよう…………………………… 32

用語かいせつ…………………………… 34

さくいん………………………………… 39

パート1 明かりをさがせ！

家の明かり

わたしたちの身のまわりには、明かり（光）がたくさんあるよ。どんな明かりがあるかさがしてみよう。まずは家の明かりからだ！

玄関

人をむかえいれる玄関には、あたたかい色の明かりがつかわれます。人がくると自動でつく明かりもあり、べんりなだけでなく防犯に役だつものもあります。

玄関灯

ガーデンライト

足もとのライト

リビングルーム

部屋をてらす明かりやテレビ画面の光があるほか、よく見ると、ほかの電化製品にも、電源が入っていることをしめす小さな光がともっています。

照明

テレビ

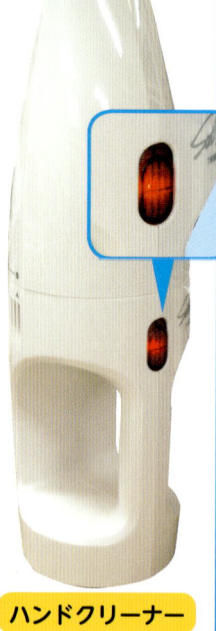
ハンドクリーナー

1 明かりをさがせ！

キッチン

料理をするために手もとをてらす明かりがあります。料理につかう電化製品には、温度や時間などをしめす光がともっています。

冷蔵庫

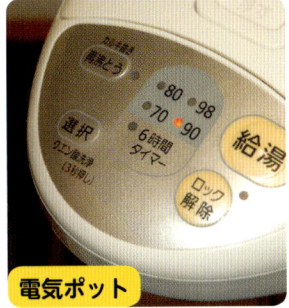
電気ポット

炊飯器

オーブンレンジ

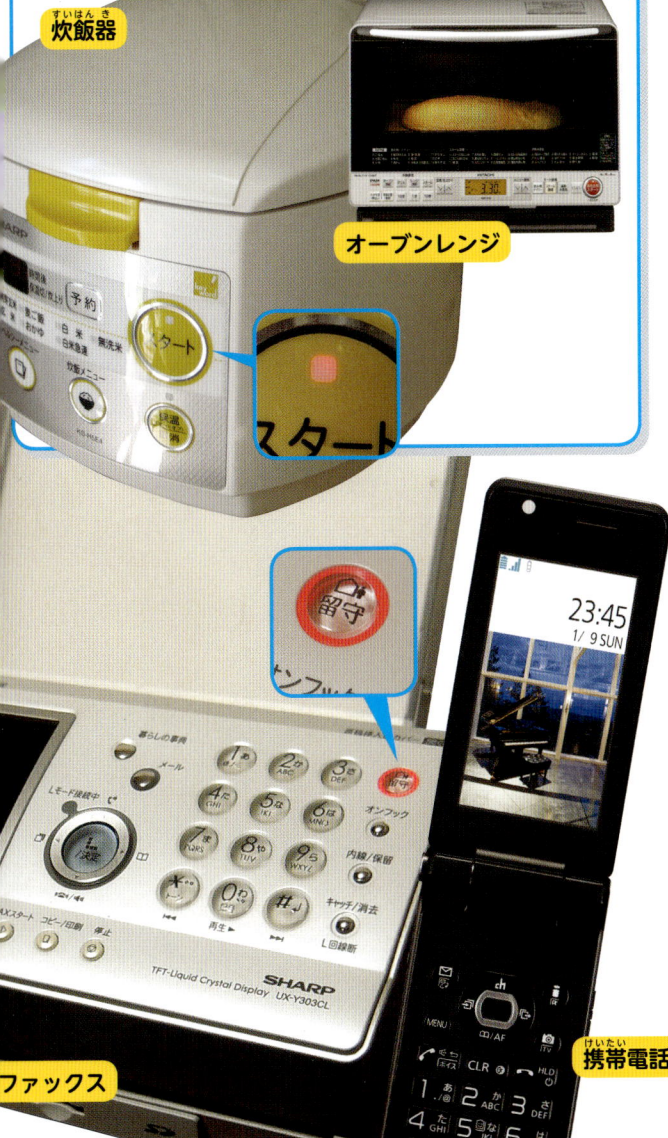

ファックス　　携帯電話

寝室

暗くしてすごすことの多い部屋だからこそ役にたつ、光って時間を表示する時計や、まくらもとをてらす電気スタンドなどがあります。

デジタル時計　かいちゅう電灯　電気スタンド

子ども部屋

勉強するときは、手もとを明るくするためにスタンドをつかうことがあります。あそびや勉強の道具にも明かりや光がつかわれています。

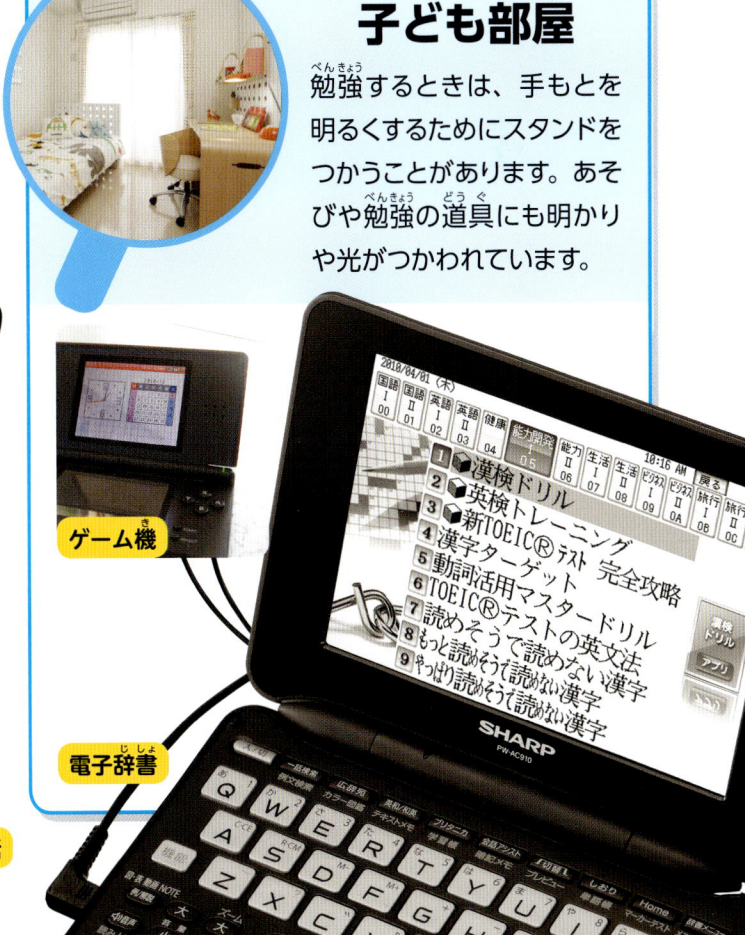

ゲーム機　　電子辞書

まちの明かり

お店のかんばん、街灯、信号、自動車など、まちの中にもいろいろな明かりや光があるよ。

お店

お店の中には商品をてらす明かりや、非常口を表示する光などがあります。外には、かんばんも光っています。

道路

夜道をてらす街灯や工事をしていることをしめす光があります。信号や道路標識など、交通の安全をまもるためにも明かりや光がつかわれます。

ネオン

かんばん

非常口

街灯

信号機

道路標識

工事中

自動販売機

自動販売機は、光でボタンを表示。

ルミネーションは、小さな光をたくさんつかい、夜のまちをいろどる。

のりもの

自動車はまがったりとまったりするのをしめすときに光をつかいます。自動車のライトは、夜道をてらすほか、ほかの自動車や歩行者に見えやすくする目的もあります。

自動車ランプ

自転車ライト

自動車ウィンカー

駅

駅の中には、電車の運行状況をしらせる電光掲示板、券売機の表示などに明かりや光がつかわれています。電車は、いきさきなどを光で表示します。

電光掲示板

ホーム

警報機

電車

いろいろな場所の明かり

ほかにはどこでどんな明かりがつかわれているかな？
大きな建物にはたくさんの明かりがつかわれているよ。

東京タワー

東京タワーには、長さ39cmの大きな電球が180こつかわれています。イベントなどでは、さまざまな色で光ります。

野球場・グラウンド

野球場などの大型スポーツ施設には、光で文字や画像をうつしだす巨大な電光掲示板や、夜でも試合ができるような明かりがあります。

電光掲示板

照明塔

1 明かりをさがせ！

灯台
灯台は、海上をすすむ船のめじるしとなるよう、夜につよい光を発します。

巨大な建造物
東京都港区の芝浦地区と台場地区をむすぶレインボーブリッジなど、夜には色とりどりの光でライトアップされた建造物があります。

飛行機
いまいる位置やすすむ方向をほかの飛行機にしらせるために、飛行機のつばさの先や胴体には、ライトがついています。

観覧車
観覧車のなかには、のるだけでなく、遠くからながめてたのしめるように、うつくしく光でかざられているものもあります。

イカつり漁船
イカつり漁船では、光にあつまるイカの習性を利用するため、たくさんのライトをつけています。

身のまわりには、いろんな明かりや光があることがわかったね。これらがどうやってともるのか、つぎのページから見ていくよ！

9

パート2 明かりがつくしくみを見てみよう

明かりがつくのはどうして？

パート1で見たさまざまな明かりは、電流がながれることでつくよ。電流とは電気のながれのことなんだ。

電流がながれて明かりがつく

部屋の照明は、スイッチをいれると光ります。スイッチをいれることで、電流（⇨16ページ）が電球や蛍光灯にながれて、光にかわるからです。かいちゅう電灯などかん電池をつかってつける明かりも、かん電池をいれることで、電池から電球に電流がながれて明るく光ります。

てんじょうについている照明器具はてんじょううらに電流がながれるコードがついている。

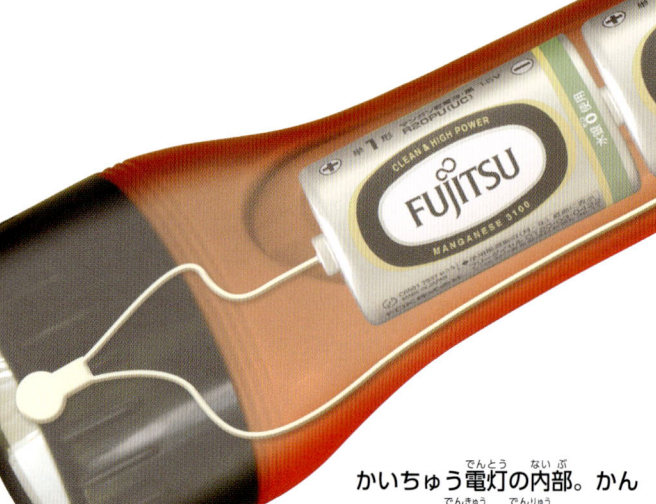

かいちゅう電灯の内部。かん電池から電球に電流がながれて明かりがつく。

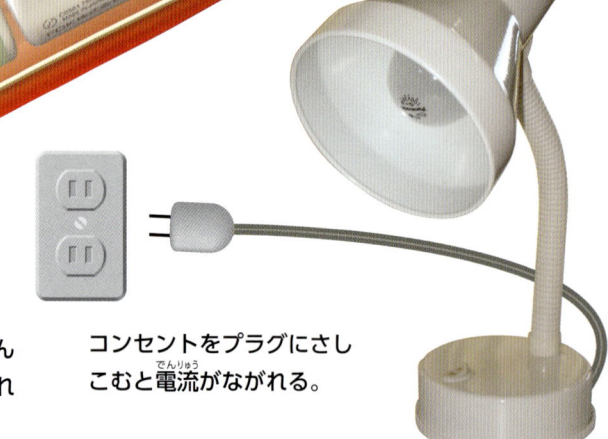

コンセントをプラグにさしこむと電流がながれる。

10

2 明かりがつくしくみを見てみよう

電流のとおり道、電気回路

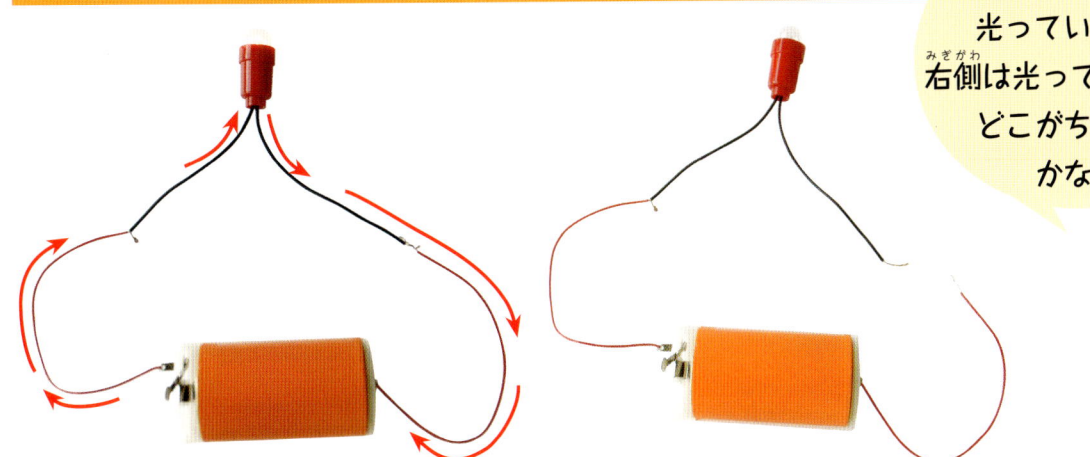

左側の豆電球は光っているけど右側は光っていないね。どこがちがうのかな？

かん電池で豆電球をつけるには、かん電池と豆電球を金属の導線（電流がながれる線）でつなぎます。そうすることで、電流が導線をながれて、豆電球が光ります。このように、電源（電池やコンセントなど）、スイッチ、豆電球などを導線でつないだ、電流がながれる道すじのことを、電気回路（回路）といいます。

左側の写真のようにかん電池と豆電球をつなぐと、豆電球が光り、電流がながれていることがわかります。右側の写真は、回路がとちゅうでとぎれているので、電流はながれることができません。

明かりがつくのは、スイッチをいれたり、かん電池をいれたりすることで、電気回路がつながって、電流がながれるからです。

まめちしき 記号をつかった回路図

電気回路を記号であらわしたものを回路図といいます。回路図では、かん電池や豆電球など、きめられた記号がつかわれます。記号をつかうことで、複雑な回路をわかりやすくすることができます。回路図は、電化製品を設計するときなどにつかわれます。

豆電球とかん電池とスイッチをつないだ回路を回路図であらわすと、右のようになります。

回路図でつかうおもな記号

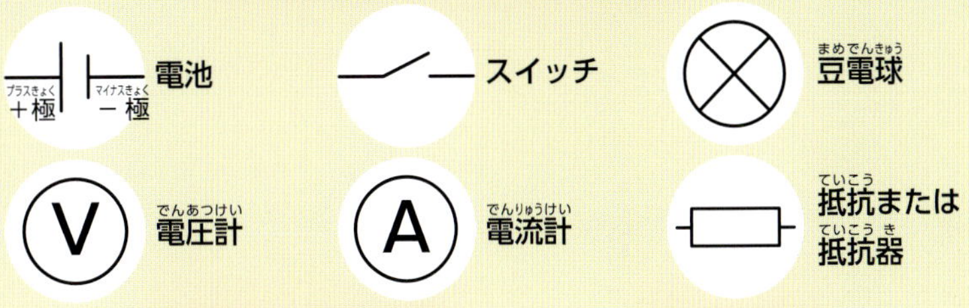

- ＋極／−極 電池
- スイッチ
- 豆電球
- Ⓥ 電圧計
- Ⓐ 電流計
- 抵抗または抵抗器

じっさいの回路／回路図

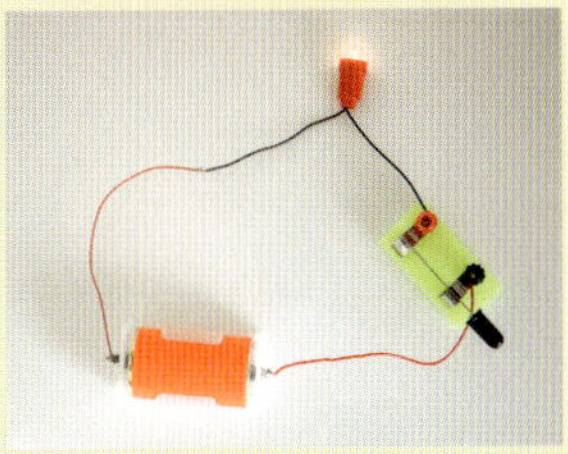

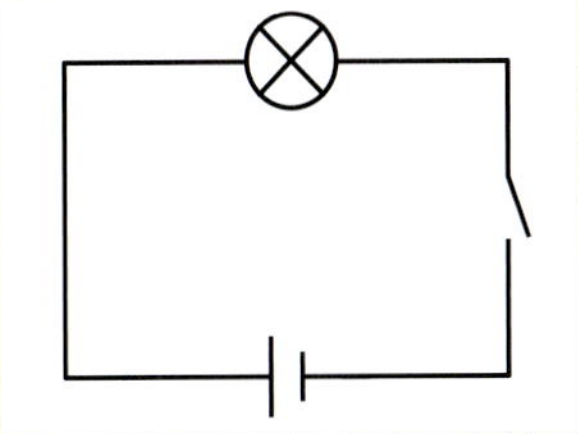

明かりのつくかん電池のつなぎかた

3つのうち、豆電球がつくつなぎかたはどれかな？
正しくつながないとつかないよ。

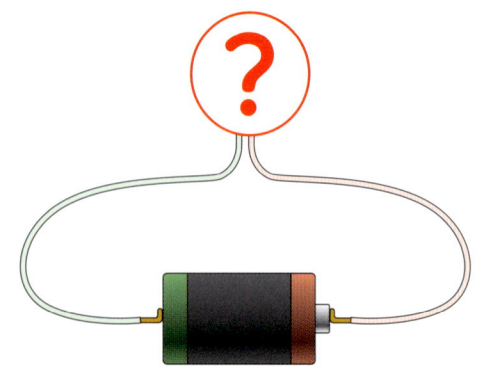
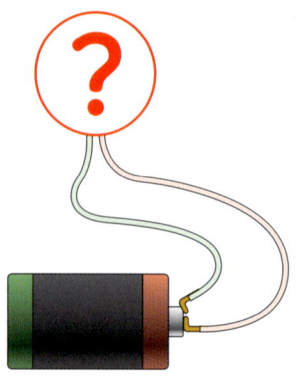
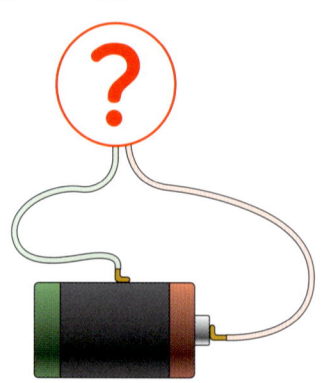

豆電球とかん電池の正しいつなぎかた

上の3つのうち、左側の豆電球だけがつきます。極以外のところに導線をつないだり、かたほうの極だけに導線をつないだりしては、電流はながれません。かん電池ででっぱっているほうが＋極、たいらなほうが－極です。

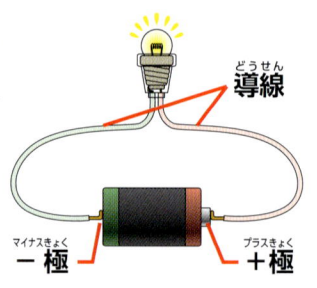

かん電池の直列つなぎと並列つなぎ

2このかん電池をつなげるときは、つぎの2とおりのやりかたがあります。直列つなぎ（右側の上の図）の場合は、電流がつよくながれ、豆電球は、かん電池1このときにくらべて2倍の明るさになります。並列つなぎ（下の図）の場合は、かん電池1このときと明るさはかわりませんが、かん電池のじゅみょうは、2倍になります。

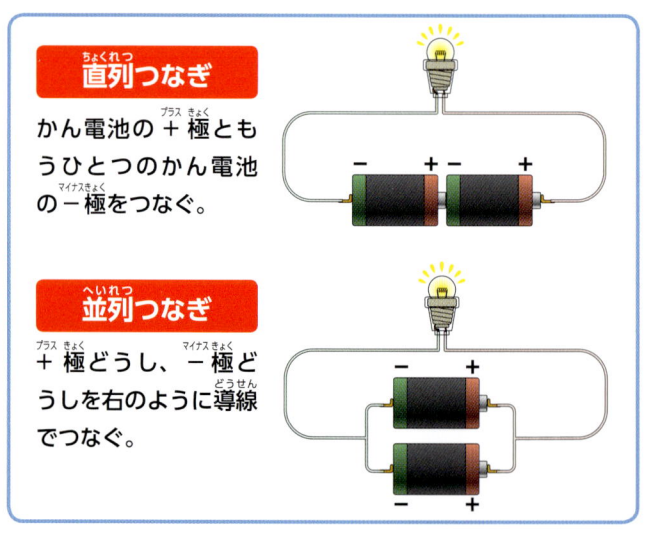

直列つなぎ
かん電池の＋極ともうひとつのかん電池の－極をつなぐ。

並列つなぎ
＋極どうし、－極どうしを右のように導線でつなぐ。

12

かん電池のまちがったつなぎかた

A〜Cのうち、正しいかん電池のつなぎかたはどれかな？

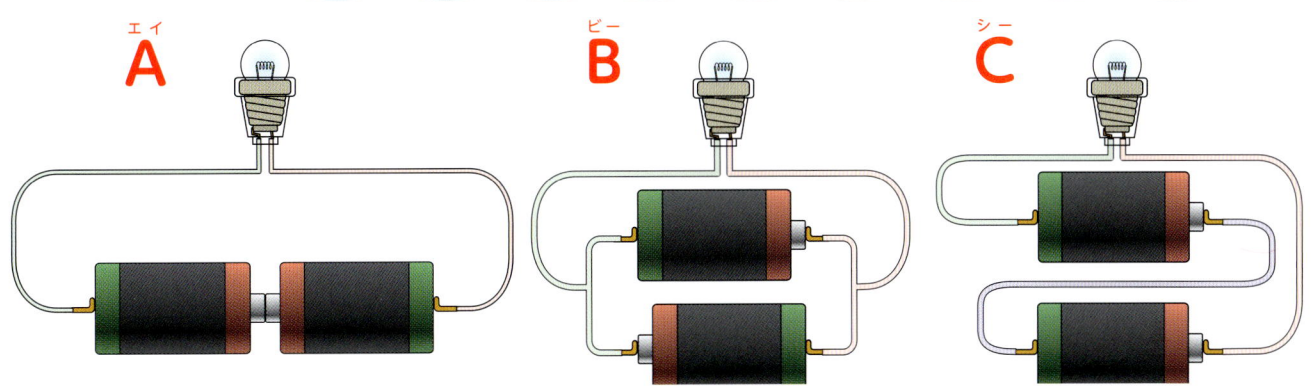

Aは直列つなぎですが、＋極と＋極がつながっています。Bは、並列つなぎですが、＋極と－極がつながっています。Cは、並列つなぎのように見えますが、導線が1本の線の上にあり、左ページの直列つなぎの図とおなじです。この場合、Cだけが正しいつなぎかたになります。

電化製品によっては、かん電池のいれかたをまちがえるとうごかなかったり、かん電池がはれつしたり、かん電池のなかみがもれたりしてきけんです。

かん電池のいれかた

● 正しいむき

直列に正しくつながっている。

● 正しくないむき

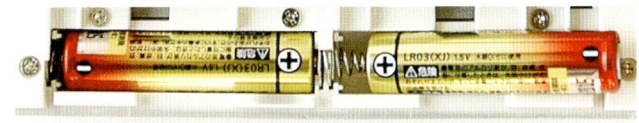

＋極どうしがつながっている。

こういういれかたの電化製品もある

かん電池2本が入る電化製品は、左の写真のようになっているのがふつうです。でも、右の写真のようなものもありますので、かん電池のいれかたには注意が必要です。

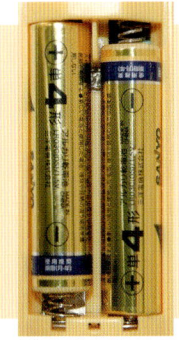

電池は、かたちも大きさもいろいろ

明かりをつけるときなどにもつかわれる電池には、つかいかたや大きさなど、さまざまな種類があるよ。

電池の種類

ふつう電池とよぶものは、化学反応などで電気をつくりだすので、正式には化学反応電池ともいいます。

電池には、つかいきりのかん電池などのほか、充電してくりかえしつかえる電池（充電池）もあります。

このほか、電池には太陽電池や燃料電池などいろいろな種類があります。

●つかいきりの電池

  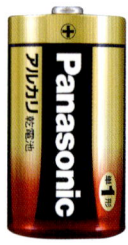 

マンガンかん電池をつかうかいちゅう電灯。

アルカリかん電池は、CDプレーヤーなどでつかわれている。

マンガンかん電池
安く、とりあつかいがかんたんなので、世界でいちばん多くつくられている。材料に二酸化マンガンがつかわれている。ときどきつかうものや、よわい電流でうごくものにむいている。

アルカリかん電池
材料にアルカリ水溶液がつかわれている。日本でいちばん多く使用されている。マンガンかん電池より2倍以上長もちする。連続してつかうものやつよい電流でうごくものにむいている。

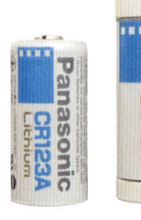  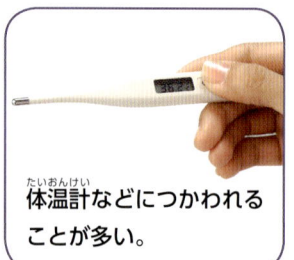  

体温計などにつかわれることが多い。

ボタン電池をつかう小型のライト。

リチウム一次電池
材料にリチウムという軽い金属がつかわれている。小さくうすくつくることができる。長もちし、寒さにもつよい。

ボタン電池
ボタンのような小さい電池。ボタン電池には、水銀電池、リチウム電池、酸化銀電池などがある。小さくうすいので、うで時計や電卓など小さい機器につかわれる。

●くりかえしつかえる電池

携帯電話につかわれるリチウムイオン電池。

リチウムイオン電池
材料にリチウムをつかっている。充電してくりかえしつかえる。ノートパソコン、携帯電話などによくつかわれている。

ニッケル水素電池
材料にニッケルや水素吸蔵合金（水素をためたり出したりできる合金）をつかっている。長時間つかうことができる。携帯電話用やノートパソコン用のほか、電気自動車用のものも開発されている。

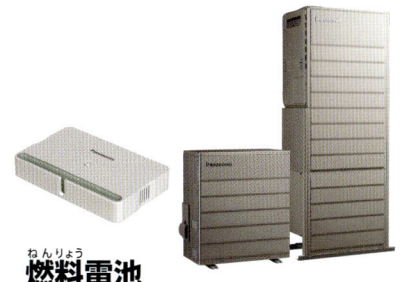

燃料電池
水素と空気中の酸素を反応させて、電気をつくる電池。発電するときに、有害な物質を出さない。小型の燃料電池（左）や家庭用の燃料電池システム（右）もある。

●そのほかの電池

夜に光る道路標識は、昼間、太陽電池で電気をためるものもある。

太陽電池
光があたると電子を出す半導体（⇨19ページ）の性質を利用して、太陽の光で電気をつくりだす。

鉛蓄電池
値段が比較的安く、温度や環境の変化につよい。自動車のバッテリー、病院や公共施設の非常用電源としてつかわれている。

まめちしき かん電池は日本人の発明

電池のしくみは1800年に、イタリアの物理学者ボルタが考えだしました。その後さまざまな人が電池の研究をし、改良をくわえていきました。

1887年、日本人の屋井先蔵がかん電池を発明しました。それまでの電池は、電解液（⇨16ページ）が液体だったため、もちはこびに不便でした。屋井は電解液をかためる方法を発明し、乾いた電池、すなわち、「乾電池」ができました。

屋井先蔵が発明したかん電池。

（『日本乾電池工業史』より転載）

電気ってどんなもの？

そもそも電気ってどんなもの？
電流がながれるっていったいどういうことだろう？

🟠 電子と電流

電気のもとになっているのは、－の電気をもつ電子というとても小さなつぶです。ふつう、電子はうごきませんが、金属などの中には、自由電子とよばれる自由にうごきまわれる電子があります。自由電子が多い物質が電子の少ない物質と導線でつながれると、自由電子が多い物質から少ない物質へと電子が移動することがあります。この移動が電流です。移動する電子の量が多いほど電流もつよくなり、電球はより明るく光ります。

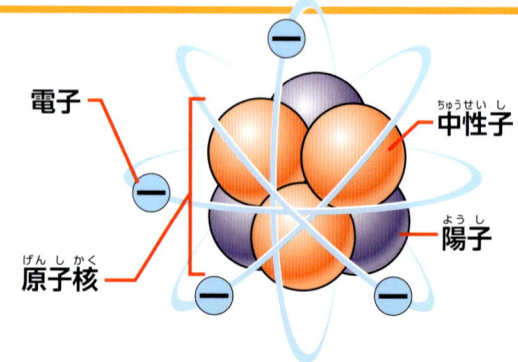

すべての物質は、原子という1cmの約1億分の1の大きさのつぶがたくさんあつまってできている。原子は、原子核（陽子＋中性子）と電子でできていて、原子の中心にある原子核のまわりを電子がくるくるとびまわっている。この電子が、原子核からはなれて自由電子となり、電気のもとになる。

🟠 化学反応で電気をつくる電池

かん電池などの電池は、化学反応で電気をつくりだすものです。2種類の金属を、「電解液」とよばれる金属をとかす液体の中にいれ、導線でつなぐと、とけやすいほうの金属からとけにくいほうの金属へ導線をとおって電子が移動し、電流がながれます。電解液をかためたり、ほかの物質にしみこませたりして、もちはこびやすく、つかいやすくしたのが、かん電池です。

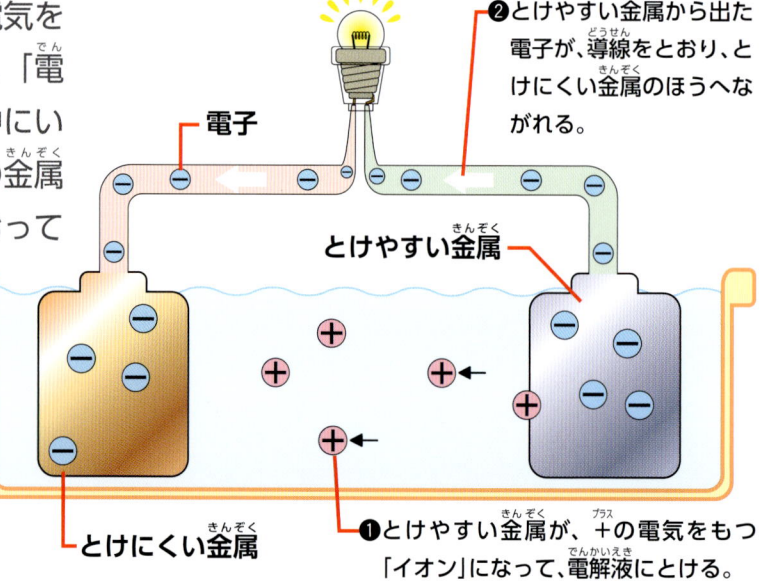

❶とけやすい金属が、＋の電気をもつ「イオン」になって、電解液にとける。
❷とけやすい金属から出た電子が、導線をとおり、とけにくい金属のほうへながれる。

電流をながそうとする力、電圧

かん電池をよく見てみると、1.5Vなどの表示があります。このVは電圧の大きさをしめす単位で、電圧は電流をながそうとする力のことです。電流を水路をながれる水にたとえてみると、電流と電圧の関係がわかります。

図のように、水は高いところから低いところへながれます。より高いところからながれれば、水のいきおいはつよくなります。電気もおなじように、電圧が大きいほど、ながれる電流もつよくなります。ぎゃくに電圧が小さいほど、ながれる電流はよわくなります。

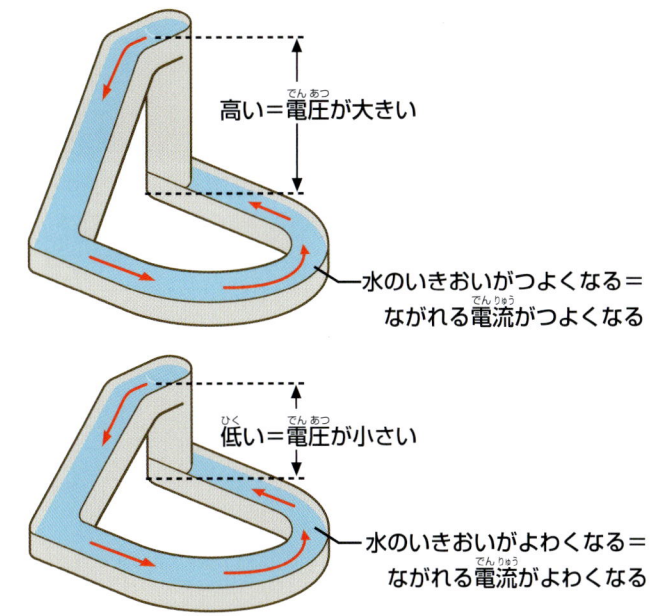

かん電池の大きさ

ふつうかん電池の電圧は、どの大きさのものでも1.5Vです。単1、単2などの大きさは、電池がどれだけ長もちするかに関係しています。大きければ大きいほど長もちします。

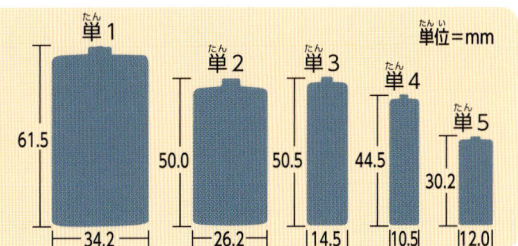

まめちしき 電流と電子のながれるむき

むかし電子のことがくわしくわかっていなかったとき、電流は＋から－へながれると考えられていました。その後、電気の正体が電子だとわかり、電子が－から＋へ移動することもわかりました。

しかしすでに「電流は＋から－にながれる」ときめられていたため、その後も電流がながれるむきと、電子がながれるむきはぎゃくになっているのです。

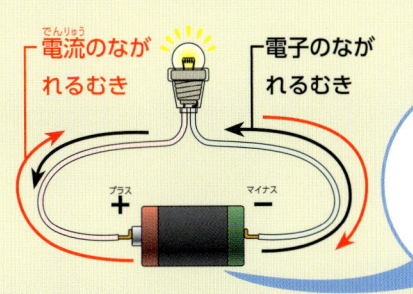

● マンガンかん電池の構造

－極は電子が多い－の状態、＋極は電子が少ない＋の状態になっていて、－と＋のあいだに豆電球をはさんで導線をつなぐと、－から＋へ電子が移動し、豆電球に明かりがつく。

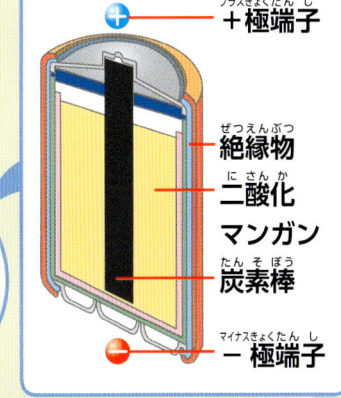

電流がながれるもの、ながれないもの

電流はすべてのものにながれるわけではないよ。電流がながれる物質と、ながれない物質とでは、どのようなちがいがあるのかな？

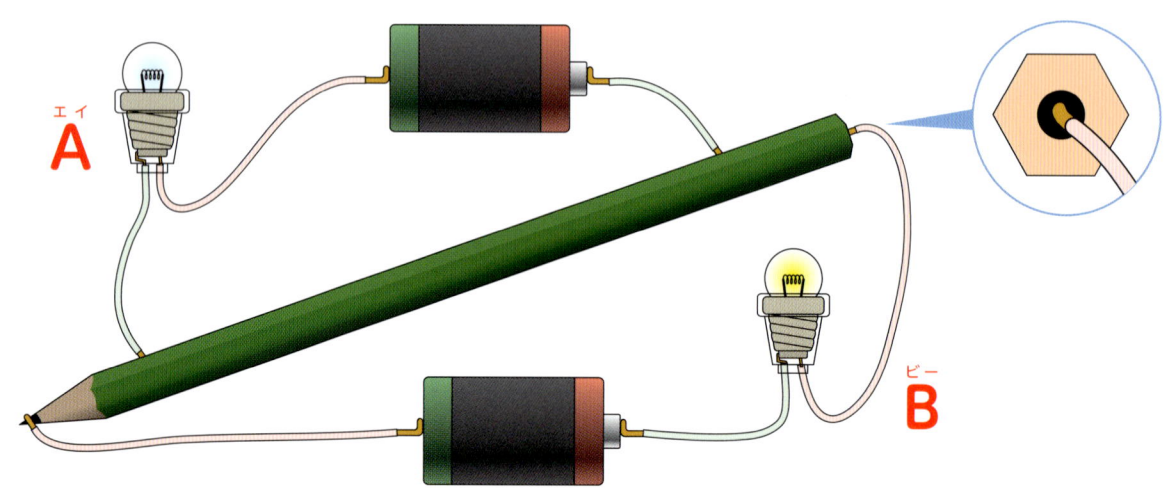

導体と不導体

　物質には、電流のながれやすいものと、ながれにくいものがあります*。えんぴつのしん（炭素）はながれやすく、木はながれにくい物質です。そのため、上のBは豆電球がつきますが、Aはつきません。
　銅（導線のなかみ）や鉄、アルミニウムなどの金属は電流がよくながれる物質で、導体とよばれています。いっぽう、導線をおおっているビニールやプラスチック、ガラスなどは電流がながれにくく、不導体または絶縁体とよばれています。ただし、不導体でもむりに電流をながそうとすれば、ながれることがあります。雷が、その例です。

　ふつう空気には、電流がながれませんが、雲と大地のあいだでむりに電流がながれるのが、雷のいなびかりです（⇨4かん17ページ）。
　反対に導体でも、電流がながれにくいときがあります。たとえば、生物は導体ですが電線にとまっている鳥には電流がながれていません。なぜなら、電流は、ながれにくい生物のからだよりも、ながれやすい電線をながれるからです。

* 「電気がとおりやすい、とおりにくい」ということもある。

導体と不導体の原理

下の図のように導体の中には、自由にうごきまわることのできる自由電子（⇨16ページ）があるため、電池をつなぐと、その自由電子のながれができて電流がながれます。

いっぽう、不導体の中では、原子核と電子がかたくむすびついているので、電子はうごくことができず、電流がながれることができません。

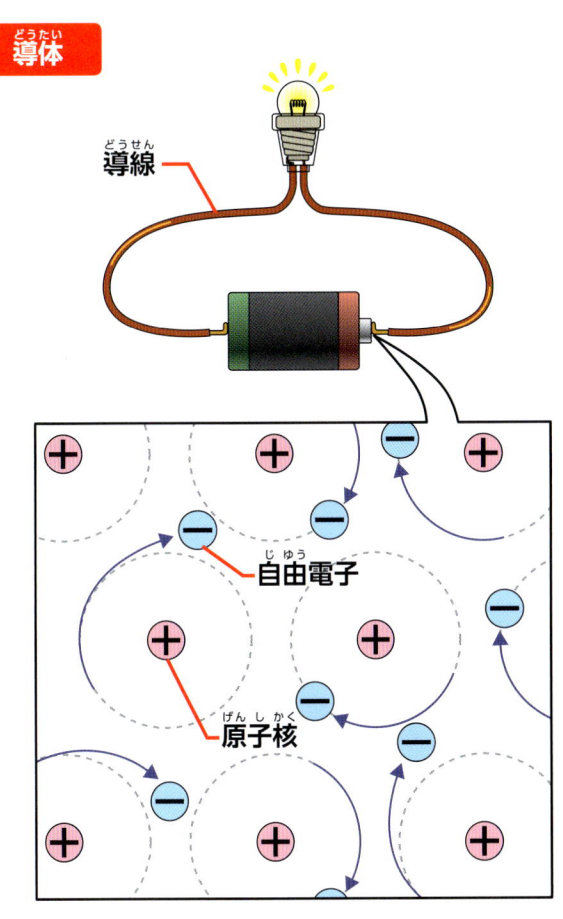

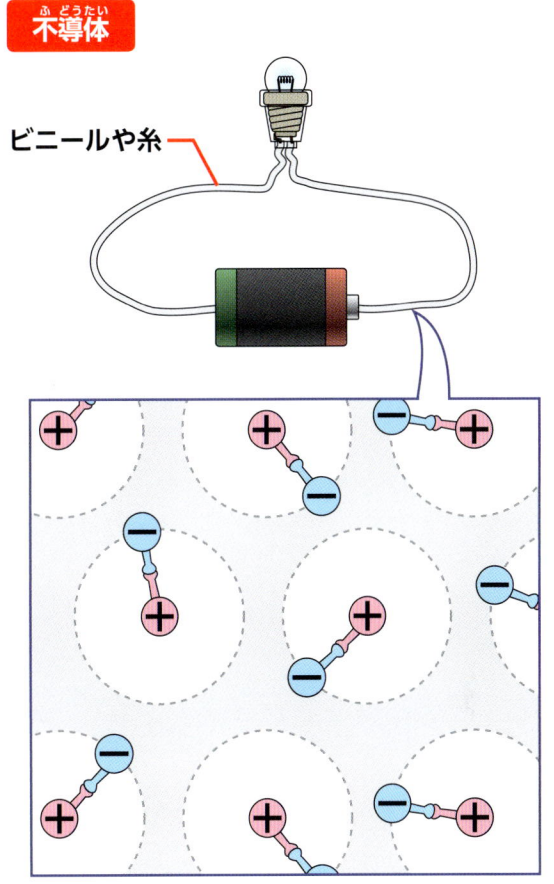

まめちしき

半導体

そのままでは電流がながれませんが、熱や光などのしげきをあたえると、電流がながれる性質をもつ物質を半導体といいます。

この性質をうまく利用して、半導体はさまざまな電化製品の部品につかわれています。LED（⇨24ページ）も半導体を利用したものです。

半導体はパソコンや携帯電話などにもつかわれている。

白熱電球のしくみ

ここからは、いろいろな種類の明かりが光るしくみを見てみよう。白熱電球は、部屋の照明やかいちゅう電灯などでつかわれているね。

白熱電球とは

　白熱電球は、ガラス球にいれたフィラメントとよばれるものに電流をながして光らせる明かりです。あたたかみのある光がとくちょうです。光と同時に熱を出すため、長い時間つかうとあつくなります。

　しくみがかんたんで、これまで世界じゅうでつかわれてきましたが、電気をたくさんつかうため、最近はつかわれなくなりました。

フィラメント
明るく光る部分。タングステンという金属の線がつかわれている。タングステンは、ほかの金属にくらべ、温度があがってもとけにくいというとくちょうがある。しかし、白熱電球をずっとつかっていると、フィラメントが高温でじょじょに細く小さくなっていき、やがて切れてしまう。

ガラス球
フィラメントを保護する。かたちや色はさまざま。

口金
照明器具にさしこむ部分。

さまざまな白熱電球

かたちや大きさはさまざまですが、すべておなじしくみで光ります。

クリア電球
ガラス球がとうめいなので、キラキラ光る。

ホワイト電球
ガラスの内側を白くぬってあるので、まぶしくない。

レフ電球
内側に反射鏡があり、一定の方向に光をあつめる。

豆電球
よわい電流でも光る小さな電球。

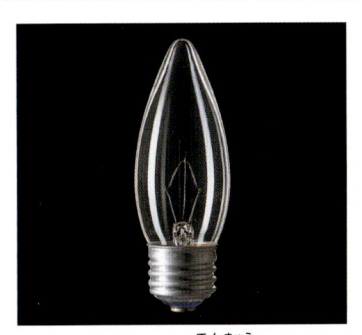

シャンデリア電球
ガラス球がほのおのようなかたち。

東京タワーの電球
人の顔よりも長い。

導入線
フィラメントに電気をおくる線。

ガス
フィラメントが空気にふれると、空気中の酸素でもえてしまうため、ガラス球の中には、空気をぬいて特別なガスをいれている。

フィラメントが光るわけ

物質に電流がながれるとき、自由電子は原子（⇒16ページ）とぶつかります。フィラメントにつかわれるタングステンでは電子と原子がぶつかりあって、そのまさつで熱が発生し光ります。白熱電球はこのしくみを利用しています。

ぶつかったときのまさつで熱が出て光る。

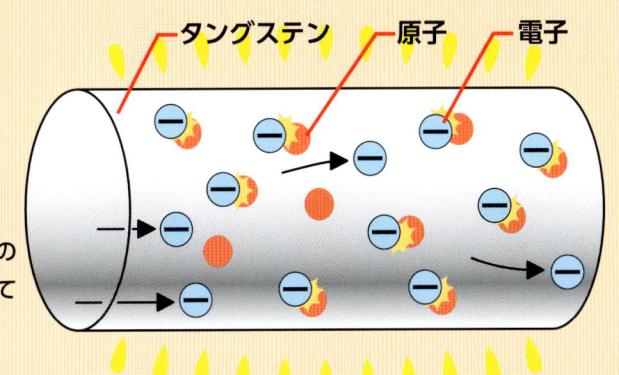

21

蛍光灯のしくみ

白く明るく光る蛍光灯は、部屋全体をてらす照明としてよくつかわれているよ。

蛍光灯とは

蛍光灯は、おなじ明かりでも白熱電球とはちがうしくみで光ります。

白熱電球にくらべて、少ない電気で明るく光ることや長もちすること、光がやわらかくてまぶしくないことなどがとくちょうです。

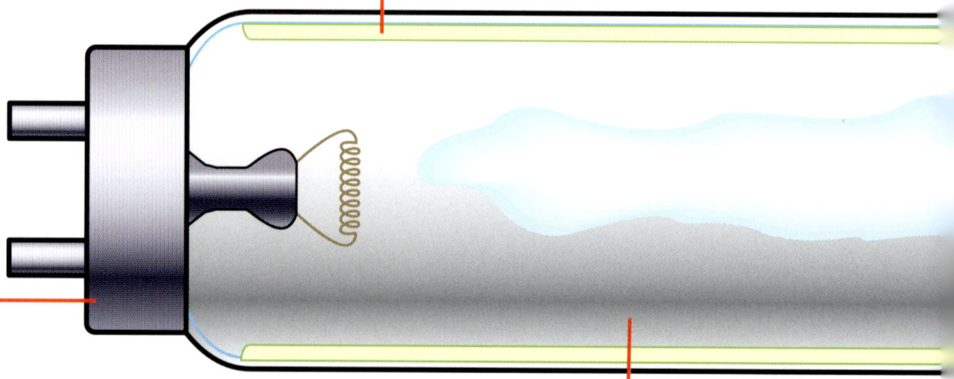

蛍光体
ガラス管の内側にぬられている。蛍光体は、紫外線などがあたると、光る。

口金

ガラス管

●くらべてみよう　白熱電球と蛍光灯

白熱電球と蛍光灯はどのようなちがいがあるのでしょうか？

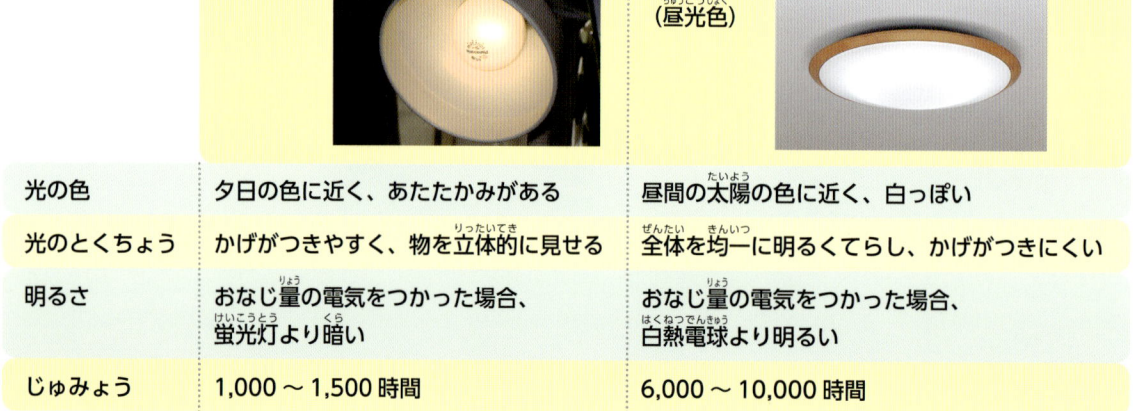

	白熱電球	蛍光灯（昼光色）
光の色	夕日の色に近く、あたたかみがある	昼間の太陽の色に近く、白っぽい
光のとくちょう	かげがつきやすく、物を立体的に見せる	全体を均一に明るくてらし、かげがつきにくい
明るさ	おなじ量の電気をつかった場合、蛍光灯より暗い	おなじ量の電気をつかった場合、白熱電球より明るい
じゅみょう	1,000～1,500時間	6,000～10,000時間

さまざまな蛍光灯

蛍光灯のかたちは、輪になったものや電球型などさまざまです。また、蛍光体の種類によって、光の色をかえることができます。

電球型蛍光灯
白熱電球用の照明器具につかえる蛍光灯。ガラス管をまげて全体が電球のかたちになるようにしている。

昼白色
白っぽくさわやかな色。

昼光色
青白くすずしげな色。

電球色
あたたかみのある色。

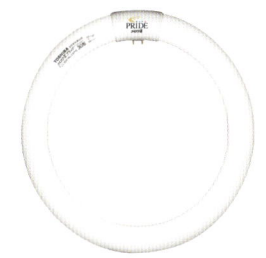

環（リング）状蛍光灯
蛍光灯をまげて輪の状態にしたもの。

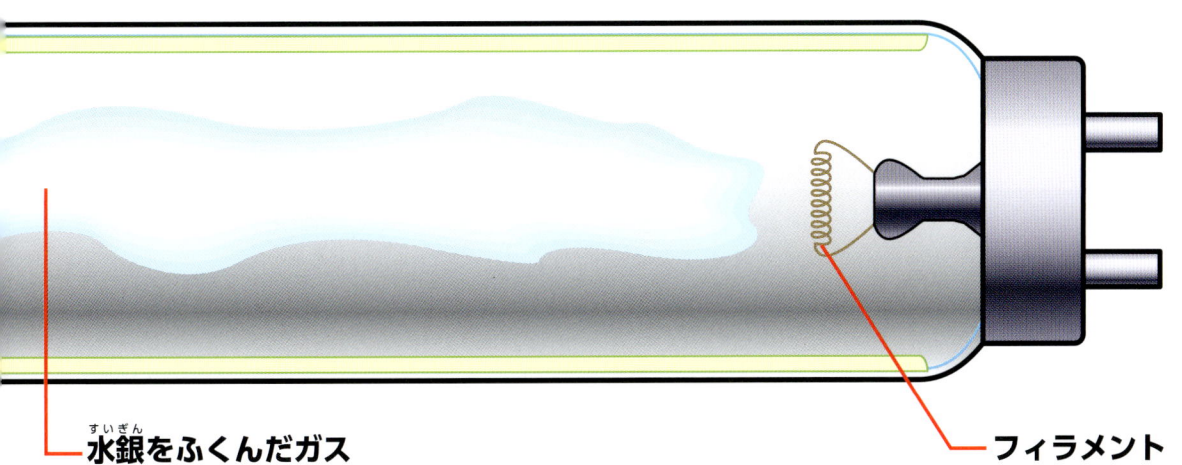

水銀をふくんだガス
水銀と、電子がとびだしやすくなるためのうすいガスが入っている。

フィラメント
ここに電流をながすと、電子がとびだす。白熱電球のフィラメントとちがって、ここが光るわけではない。

蛍光灯が光るしくみ

❶ フィラメントに電流をながすと電子がとびだす。

❷ 電子はガラス管の中の水銀のつぶにぶつかる。

❸ 電子がぶつかった水銀から、目に見えない紫外線が出る。

❹ 紫外線がガラス管にぬられた蛍光体にあたり光る。

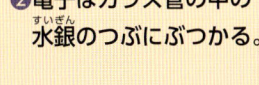
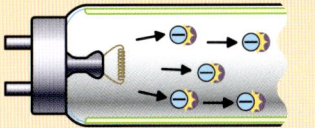
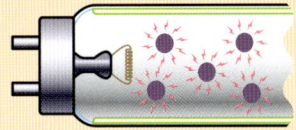
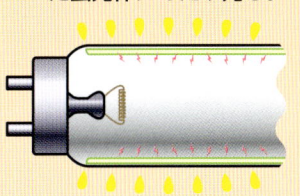

LEDってどんなもの？

「LED」は、英語のLight（光）Emitting（出す）Diode（半導体）の頭文字をとったよび名で、発光ダイオードともよばれているよ。

新しい明かり、LED

LEDは2種類の半導体（⇨19ページ）でできていて、電流をながすとそれぞれの半導体から出た物質がぶつかりあって、発光します。

赤色、緑色、青色など、さまざまな色のLEDがありますが、この色は、つかわれている半導体の種類によってきまります。LEDは「つかう電気が少ない」「長もちする」「熱を出さない」といった点から、新しい明かりとして、注目されています。

 青色LED

LEDは、光の三原色（赤・緑・青）のうち、赤と緑が、1980年代に開発されていましたが、青色がなかなかつくれず、20世紀中にはむりだといわれていました。

しかし、1993年、日本人の中村修二さんが、これを発明。光の三原色ができたことで、三原色をくみあわせてのフルカラーが実現しました。

LEDをつかったイルミネーション。消費する電気が少ないほか、熱が出ないため木をいためない。

さっぽろホワイトイルミネーション

さまざまな場所でつかわれるLED

LEDは電光掲示板やイルミネーション、電化製品の表示用ライトなどでつかわれています。最近では家庭用の照明にもつかわれるようになってきました。

また、LEDをつかった信号もふえてきました。LED式信号がつかう電気は、これまでの電球式信号の5～6分の1です。じゅみょうが長いため、交換などにかかる費用もへらせます。

LEDの光は、まわりに広がりにくく、まっすぐすすむため、LED式信号は遠くからでも見やすいというとくちょうがあります。

また、熱や紫外線を出さず展示品をいためないので、美術館や博物館などの照明としても注目されています。

LED式信号。よく見ると、小さな点に見えるLEDがあつまってできている。

電球式信号。日光を反射して、点灯しているかどうかわかりづらい場合がある。

家庭でつかわれるLED電球。

LEDをつかった美術館の照明。

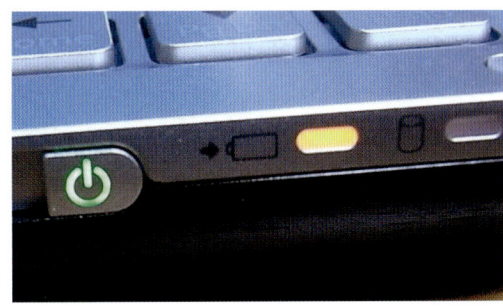
ノートパソコンの電源や、バッテリーをしめすライト。電化製品のライトにはLEDがつかわれることがある。

LEDのしくみ

LEDはP型半導体とN型半導体というものがくっついてできています。これに電流をながすと、P型半導体からは＋のつぶが、N型半導体からは電子（－のつぶ）が出ます。この2種類のつぶがぶつかると、光が発生します。

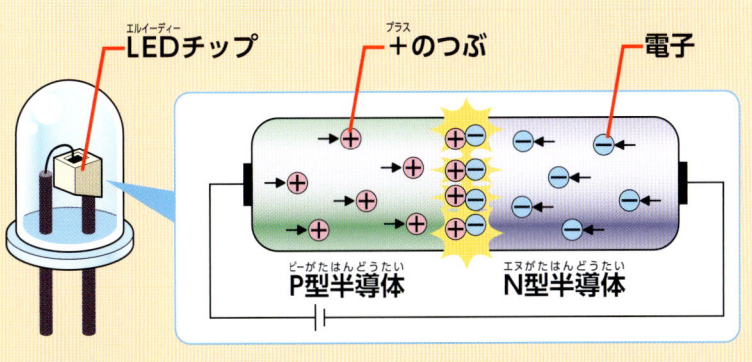

明かりの歴史

電気による明かりの登場

　電気による明かりが登場するまで、人間は燃料をもやすことで明かりをえていました。ろうそくや石油ランプ、ガス灯などです。

　1815年、イギリスで、「アーク灯」という明かりがうまれました。電池の両極に2本の炭素の棒をつなぐと、つよい光が発生するというものでした。これが、電気による明かりのはじまりです。

　しかし、アーク灯は、たくさんの電気を必要としたので、なかなか広まりませんでした。また、光の色がつよい紫色だったため、家庭ではつかわれませんでした。

1882（明治15）年、銀座（東京都）に日本ではじめて電気をつかった街灯（アーク灯）がたてられた。

エジソンの白熱電球

　アーク灯がうまれたころ、ガラス管の中の細い金属線に、電流をながして光らせる実験がおこなわれました。これが白熱電球のもとです。しかし、金属線はすぐにもえつき、短い時間しか光りませんでした。この問題を解決するために多くの人が研究をかさねました。

　そのひとりアメリカのトーマス・エジソンは、1879年に木綿糸をつかったフィラメントをつくり、それまでの電球の10倍にもなる40時間以上ももつ電球を開発しました。さらに日本の竹をフィラメントに利用した、1000時間以上光りつづける電球をうみだしました。

　この電球は、その後タングステンのフィラメントができるまで12年間つくりつづけられ、世界に広まりました。

エジソンがつくった白熱電球の複製。

② 明かりがつくしくみを見てみよう

蛍光灯の登場

　蛍光灯の考えかたの起源はエジソンの電球より古く、1856年にさかのぼるといわれています。ドイツの物理学者のハインリッヒ・ガイスラーがつくったガイスラー管です。その後、ヨーロッパやアメリカでさまざまな研究・開発がおこなわれ、1894年にはアメリカの発明家ダニエル・ムーアがムーアランプを発明。まもなく販売され、エジソンの白熱電球と販売をきそいあいました。

　1926年、ドイツの発明家エトムント・ゲルマーが、管の内側を蛍光粉末でおおうものを開発。1938年にはアメリカの電機メーカー、ゼネラル・エレクトリック社が開発した蛍光灯が発売されました。これが、現在の蛍光灯のもとになったといわれています。

　その後、リング状のものや電球型のものなどさまざまな蛍光灯が世界各国でつくられるようになりました。

　1995年になると、日本のメーカーが残光形蛍光ランプ（けしたあとでも、しばらく光がのこり、ゆっくりきえていく蛍光灯）を、世界でいちばんはじめにつくりました。

東芝科学館蔵

1940（昭和15）年に日本ではじめて実用化された蛍光灯。

LEDの開発

　LEDの基本的なしくみは、20世紀はじめに発見されましたが、現在のような技術が開発されたのは、1960年以降のことです。1980年代には、赤色と緑色のLEDができ、1993年に青色LEDが開発されました（⇨24ページ）。それによって、さまざまな色の光をつくることができるようになりました。さらに、1996年には、白色LEDができて、家庭用の照明としてもつかわれるようになりました。

　日本政府は2012年までに、電気をたくさんつかう白熱電球を廃止していくことを表明しました。LEDは、つかう電気が少なく、長もちするため、白熱電球にかわる明かりとして期待されています。

LEDは、電光掲示板や信号にもつかわれている。

27

パート3 明かりの実験と工作

エジソン電球をつくろう

エジソンがつくった電球とおなじしくみで、シャープペンシルのしんをフィラメントにした電球をつくろう。

つかうどうぐはこれ!

 はさみ　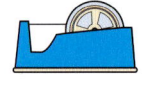 セロハンテープ

よういするもの

- 電池ボックス(6こ)
- 単1かん電池(アルカリかん電池　6本)
- あきビン(1こ)
- シャープペンシルのしん(Bよりこいもの　1本)
- わりばし(1ぜん)
- みのむしクリップのついたビニール線(2本)

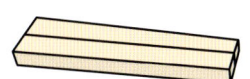 **3 明かりの実験と工作**

1 わりばしをびんの口より少し長いくらいに、はさみで切る。

⚠ 注意 わりばしはかたいので、はさみをこわしたり、けがをしたりしないように、少しずつ切りましょう。

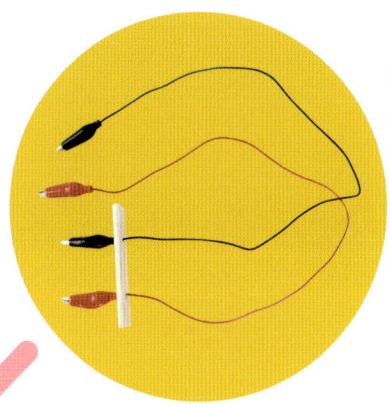

2 みのむしクリップのついたビニール線をわりばしにはさんで、うごかないようにセロハンテープで固定する。

3 電池をいれた6この電池ボックスを直列につなぎ、かたほうのクリップとつなぐ。

4 おれないように注意しながら、シャープペンシルのしんをクリップではさむ。

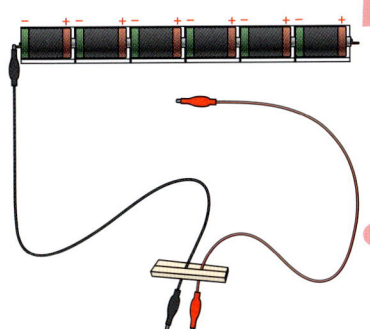

 びんにいれるとき、しんをおらないように注意してね。

5 クリップではさんだしんを、びんの中にいれる。

6 のこったかたほうのみのむしクリップを電池ボックスとつなぎ、電流をながす。さいしょにけむりが少しあがり、やがてしんが光りだす。

⚠ 注意 実験のさいちゅう、ビニール線やクリップはとてもあつくなります。時間をおいてからかたづけましょう。

 **どうして光るの？**

シャープペンシルのしんが光るのは、エジソンが炭化した木綿糸や竹を白熱電球のフィラメントにしたのとおなじ理由です。シャープペンシルのしんはこれらとおなじような物質でできているため、フィラメントにすることができます。

ただし、この実験では、ふつうの電球とちがい、びんの中に空気中の酸素が入っているため、しんはすぐにもえて切れてしまいます。

29

テスターをつくって、電流がながれるものをさがそう

テスターとは、電流がながれるかどうかをためす道具だよ。LEDや豆電球とかん電池でかんたんにつくれるよ。

しらべたいものにクリップでふれてみよう！ クリップ式

しらべたいものにくぎでふれてみよう！ くぎ式

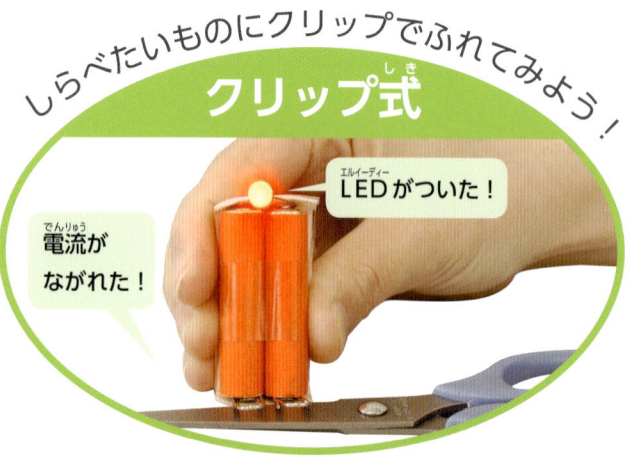

電流がながれた！
LEDがついた！

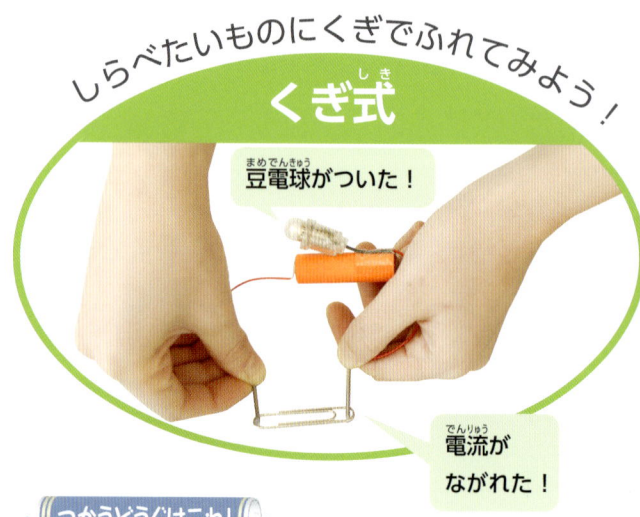

豆電球がついた！
電流がながれた！

つかうどうぐはこれ！
- 両面テープ
- セロハンテープ

よういするもの
- LED（1こ）
- クリップ（2こ）
- 単3かん電池（2本）
- 牛乳パックをひらいたもの

つかうどうぐはこれ！
- セロハンテープ

よういするもの
- 豆電球（ソケットつき 1こ）
- ビニール線（1本）
- 単3かん電池（1本）
- くぎ（2本）

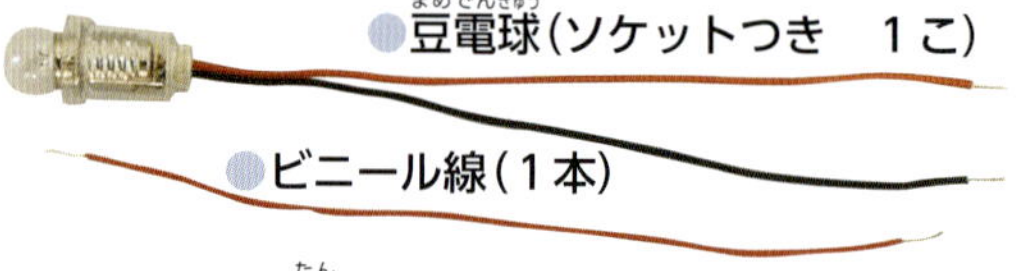

1 かん電池の長さより少し大きめに切った牛乳パックの台紙に、両面テープでかん電池をはりつける。

2

電池のかたほうのはしにLEDを、もうかたほうにクリップを両面テープでとりつける。さいごに、外側からセロハンテープでとめる。LEDは＋－のむきに注意！

1 豆電球をかん電池にセロハンテープでとめる。豆電球のかたほうの線の先に、くぎをつける。もうかたほうの線は、かん電池の－極にセロハンテープでつなぐ。

セロハンテープでとめる。

2 ビニール線のかたほうのはしにくぎをつけ、もうかたほうのはしをかん電池の＋極にセロハンテープでつなぐ。

ぐにゃぐにゃくぐりをつくろう

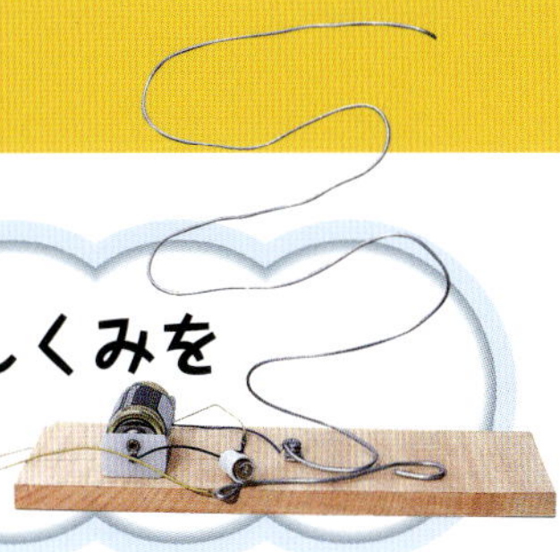

ふれると電流がながれるテスターのしくみを利用して、ゲームをつくろう！

これはスタートからゴールまでAの輪の中をBがふれないようにしてうごかしていくあそびです。

つかうどうぐはこれ！
- ペンチ
- 両面テープ
- ドライバー
- セロハンテープ

よういするもの
- 木の板
- 太さ5mmのはり金（50cm、5cm各1本）
- 木ねじ（1こ）
- ビニール線（2本）
- 単1かん電池（1本）
- 電池ボックス（1こ）
- 豆電球（ソケットつき　1こ）

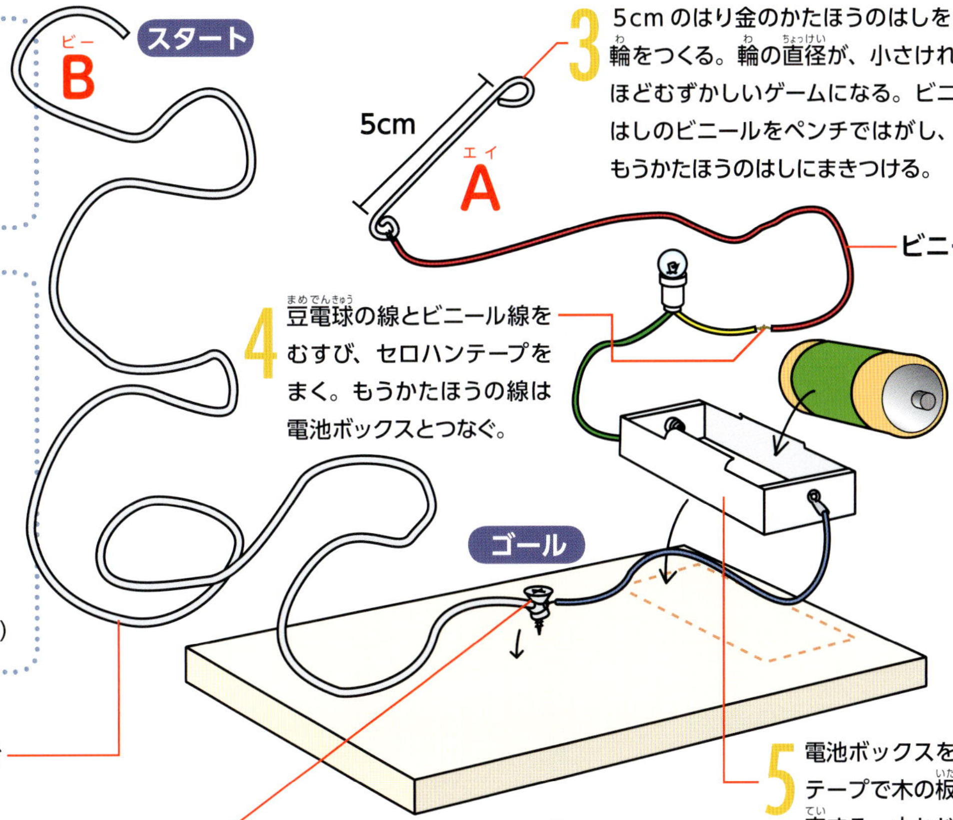

1 50cmのはり金をぐにゃぐにゃにまげる。

2 木ねじに、はしのビニールをペンチではがしたビニール線とはり金をまきつけて、ドライバーでしっかり固定する。

ひねりをくわえると、少しむずかしくなる。

3 5cmのはり金のかたほうのはしをまるめて、輪をつくる。輪の直径が、小さければ小さいほどむずかしいゲームになる。ビニール線のはしのビニールをペンチではがし、はり金のもうかたほうのはしにまきつける。

4 豆電球の線とビニール線をむすび、セロハンテープをまく。もうかたほうの線は電池ボックスとつなぐ。

5 電池ボックスを両面テープで木の板に固定する。木ねじから出ているビニール線を電池ボックスにつなぐ。

輪がぐにゃぐにゃルートに少しでもあたると、豆電球が光る！光らないようにうまくくぐりぬけよう！

複雑にひねって難度アップ。

3 明かりの実験と工作

31

レモン電池で明かりをつけよう

レモンに亜鉛板と銅板をさしこんで、そのあいだをコードでつなぐと、電流がながれて明かりがつくよ。

つかうどうぐはこれ！
- 絶縁テープ
- ほうちょう
- ペンチ

よういするもの
（レモン電池6こ分）

- LED（1こ）

- 銅板
  （たて約6cm、よこ約1.5cm、あつさ約0.5mm以下　6まい）

- 亜鉛板
  （たて約6cm、よこ約1.5cm、あつさ約0.5mm以下　6まい）
- ビニール線
  （約10cm　7本）
- レモン（6こ）

いろいろなくだものをつかった電池

レモン　レモン　オレンジ　グレープフルーツ　レモン　キウイ　スウィーティ

くだものがころがらないようにびんにのせる。

ワンポイントアドバイス
・銅板や亜鉛板を大きくすると電流がながれやすいよ。
・銅板がささっているところにオキシドールをたらすと電池が長もちするよ。

3 明かりの実験と工作

1 ペンチなどでビニール線の両はしのビニール部分に切れ目をいれる。切れ目より先の部分をひっぱり、金属部分をむきだしにする。

2 1本のビニール線の両はしを、絶縁テープで亜鉛板と銅板につなぐ。

3 レモンを3分の1のところで2つに切る。大きいほうをつかう。

4 ビニール線でつながった亜鉛板と銅板を、写真のようにレモンにさす。

5 イラストのように、2本のビニール線の両はしを絶縁テープで、銅板とLED、亜鉛板とLEDにそれぞれつなぎ、4のレモンにさす。LEDの＋－をまちがえないように注意！

6 レモンの数は2つからはじめ、写真のように、6つまでつないで明るさをくらべてみよう。

⚠注意 つかったレモンの中には、銅や亜鉛の金属イオン（電気をおびた原子）がとけこんでいるため、ぜったいに食べてはいけません。

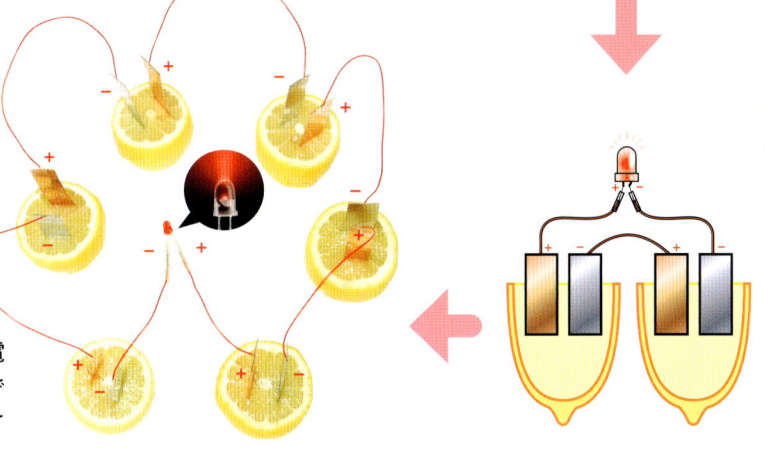

まめちしき レモン電池のしくみ

レモンにふくまれているクエン酸と亜鉛板とが化学反応をおこし、＋の電気をもったイオンができます。レモンの中にイオンが出て、亜鉛板には－の電気をもつ電子がのこります。亜鉛板と銅板をビニール線でつなぐと、亜鉛板にのこった電子がビニール線にながれます。

これは16ページで見た電池のしくみとおなじです。

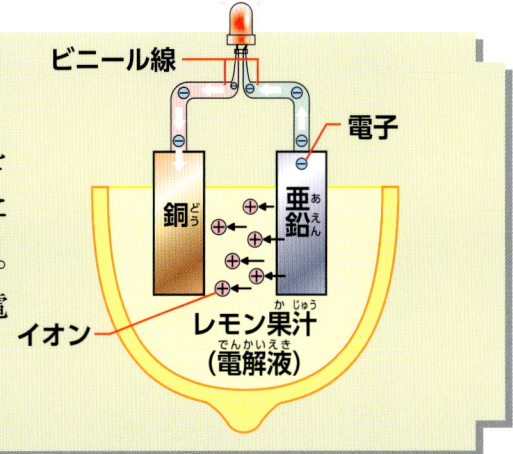

※実際には、レモン1こではLEDはあまり光らない。上のイラストはイメージ図。

用語かいせつ

見方：項目名 かん数 ❶00* ページ
かいせつ文
＊とくに関連するページ。

◆あ行◆

IH ············❷20
電磁誘導のしくみを利用してものを加熱すること。

アンテナ ············❺20
電波を送信したり受信したりする装置。ラジオやテレビ、携帯電話、無線通信などの電波の送受信につかわれる。

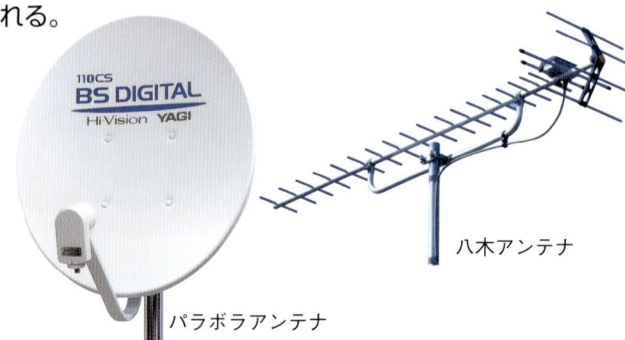

八木アンテナ
パラボラアンテナ

イオン ············❶16
電子をうしなったりうけとったりして、＋または－の電気をもつ状態になった原子や原子団。

LED ············❶24
2種類の半導体をくっつけたものに電流をながすと光る明かり。発光ダイオードともいう。低い電圧、よわい電流で光り、白熱電球などにくらべてじゅみょうも長い。

オームの法則 ············❷18
抵抗（電気抵抗）の大きさ、抵抗にかかる電圧の大きさとそこにながれる電流のつよさには、つぎの関係がある。この関係をオームの法則とよぶ。

●オームの法則の公式
電圧＝抵抗×電流
抵抗＝電圧÷電流
電流＝電圧÷抵抗

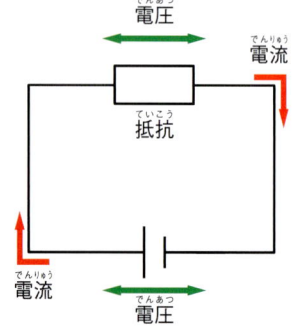

◆か行◆

回路（電気回路） ············❶11
電源、スイッチ、電球などを導線でつないだ電気のとおり道のこと。

回路図 ············❶11
回路を記号をつかってあらわした下のような図。

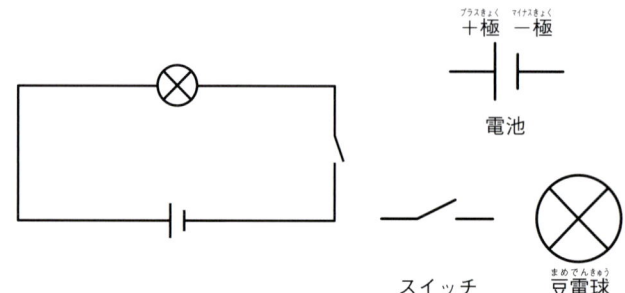

＋極　－極
電池
スイッチ　豆電球

化学反応電池 ············❶14
化学反応で生じるエネルギーを電気エネルギーにかえるしくみ。かん電池は化学反応電池のひとつで、アルカリかん電池やマンガンかん電池などがある。電池には＋極と－極がある。

＋極
－極

蛍光灯 ············❶22
ガラス管の中に、蛍光物質（光を出すもの）をぬって、その中に電流をながすことで光る電灯。

コイル ············❷10
導線をらせん状にまいたもの。電熱器具、モーターなどに利用される。

交流電流 ············❸17
ながれるむきが周期的にいれかわる電流。家庭のコンセントは交流電流。
⇔直流電流

コンセント ……❷19
電流をとるために、電化製品などのプラグをさしこむ器具。国によってかたちや電圧がちがう。日本のコンセントの電圧はふつう100Vになっている。

◆さ行◆

磁界 ……❷20、❸15
磁力がはたらくはんい。磁石や、電流のながれるコイルなどのまわりには磁界が生じる。磁力とは、磁石や磁化した（磁気をおびた）物体の、磁極のあいだにはたらく力。

磁石 ……❸12
鉄をひきつける性質をもつ物体。磁石の両はしを磁極といい、N極とS極がある。NとN、SとSはたがいに反発しあい、NとSはたがいにひきあう。成分によって、ネオジム磁石、フェライト磁石などの種類がある。電磁石も磁石のひとつ。

自由電子 ……❶16、19
物質の中を自由にうごきまわることのできる電子。とくに金属の中には自由電子が多い。自由電子が移動することで、電流がながれる。

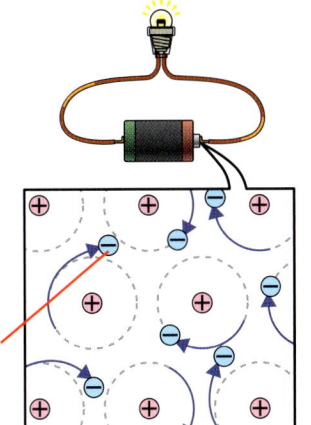

充電池 ……❶14
電気をためることができ、くりかえしつかえる電池。蓄電池、バッテリーともよばれる。

周波数 ……❺12
電波の波が1秒間に振動する回数。単位はHz。

ジュールの法則 ……❷12
導線に電流をながすと、導線の抵抗によって導線は発熱する。この熱をジュール熱といい、ジュール熱と抵抗の大きさと電流のつよさには、つぎの関係がある。

●ジュールの法則の公式
ジュール熱＝抵抗の大きさ×ながれる電流の2乗*×時間(秒)
＊おなじ数字を2回かける。

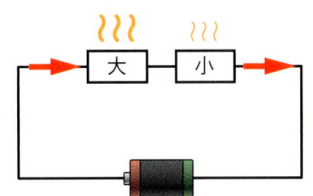
直列つなぎの場合、ながれる電流のつよさは一定のため、抵抗の大きいほうが大きなジュール熱を発生させる。

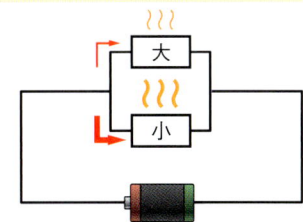
並列つなぎの場合、抵抗の小さいほうにつよい電流がながれるため、抵抗の小さいほうが大きなジュール熱を発生させる。

静電気 ……❹16
ことなる物体どうしがこすれたりして、どちらかいっぽうの物体に電子が移動し電気をおびた状態になること。まさつ電気や雷など。

◆た行◆

タービン ……❹18
発電機をうごかすためにつかわれる装置。軸についている羽根車に水蒸気や流水などをあてて回転させ、発電機をうごかす。蒸気タービン、水力タービンなどがある。

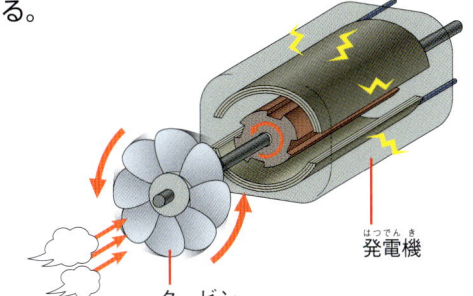

帯電 ……❹16
物体が電気をもった状態になること。

35

用語かいせつ

太陽電池 ❹14
光エネルギーを電気エネルギーにかえる装置。ある種の半導体に光があたると電子を放出する性質を利用している。

地上デジタル放送 ❺18
デジタル信号をつかっておこなわれるテレビの地上波放送。デジタル信号は、データを圧縮しておくることができるため、電波を効率よくつかうことができる。

直流電流 ❸17
ながれるむきがつねに一定の電流。かん電池の電流などは直流電流。
⇔交流電流

直列つなぎ ❶12
電源やスイッチ、電球などを、とちゅうでわかれることのないようにつなぐつなぎかた。
⇔並列つなぎ

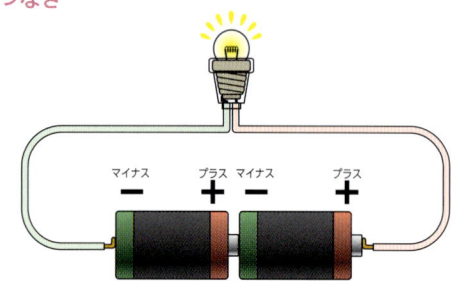

抵抗（電気抵抗） ❷11、18
電流のながれやすさのこと。ながれやすい物質は「抵抗が小さい」、ながれにくいものは「抵抗が大きい」という。単位はΩ。

電圧 ❶17、❷18
電流をながそうとする力。抵抗がおなじ場合、電圧が大きいほどながれる電流がつよくなり、電圧が小さいほどながれる電流はよわくなる。単位はV。

電界 ❺12
電気的な力がはたらく空間。

電源 ❶11
電池やコンセントなど、電流をえるもとになるもの。

電子 ❶16
原子（物質をつくる小さなつぶ）の中にある、－の電気をもった小さなつぶ。電子が移動することによって電流がながれる。

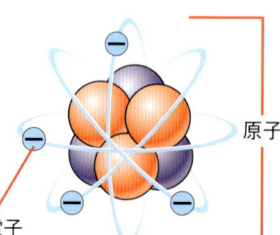

電磁石 ❸14
鉄のしんなどにまきつけた導線に電流をながすことで、鉄のしんが磁化して磁石になったもの。モーターや発電機など、さまざまなものに利用される。

電磁誘導 ❷20
コイルの中に磁石を出しいれする（磁界をへんかさせる）と、コイルに電流がながれる現象。

電線（送電線・配電線） ❹25
発電所から変電所、変電所から家庭や工場などに電気をおくる金属線。

電熱線　❷10
電流をながしたとき、電気抵抗によって多くの熱を発生する金属などの線。材料には、電気抵抗が大きく、高温でもとけにくい性質をもつニクロム線（ニッケルとクロムの合金）や鉄クロム線（鉄とクロムの合金）などがつかわれる。コイルや板状にしたものが電気ストーブ、ドライヤーなどに利用されている。

電波（電磁波）　❺
電界と磁界のふたつの波がたがいにえいきょうしあいながら、高速ですすむ波。ラジオやテレビ、携帯電話など、はなれた場所で情報をおくったりうけとったりするのにつかわれている。

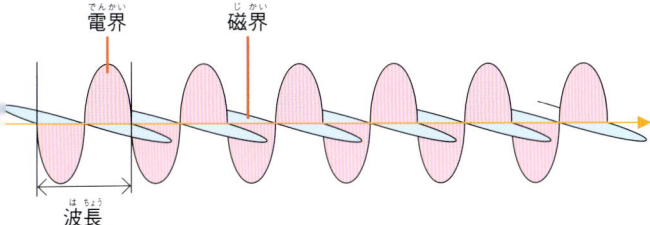

電流　❶16、❷18
自由電子が一定の方向に移動すること。自由電子が多い物質と電子が少ない物質が導線でつながれると、自由電子が多い物質から少ない物質へ自由電子が移動し、電流がながれる。単位はA。

導線　❶11
電流をながすための線。直接手でさわると感電するおそれがあるため、ビニールやゴムなど、電気をとおさない絶縁体でおおわれていることが多い。電流がながれやすい銅がつかわれることが多い。銅線に絶縁物をぬったエナメル線や銅線をビニールでおおったビニール線などがある。

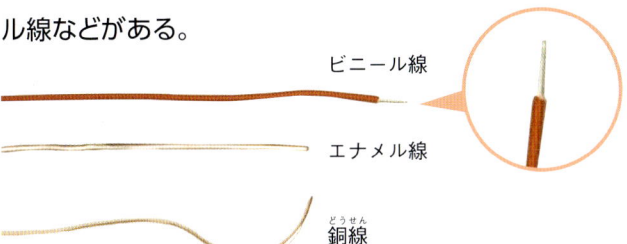

導体　❶18
電流がながれやすい物質。銅、鉄、アルミニウムなどがある。
⇔不導体

◆ な行 ◆

ニッケルクロム線（ニクロム線）　❷10
ニッケルとクロムの合金。抵抗が大きく、高温でもとけにくいため、電熱線としてよくつかわれる。

◆ は行 ◆

白熱電球　❶20
ガラス球の中のタングステンのフィラメントに電流をながして高温にし、光らせる明かり。

フィラメント

波長　❺12
電磁波（電波）の波ひとつ分の長さ。電磁波は波長によって、多くの種類にわけられる。単位はm。

発電　❹
発電機を回転させて電気を発生させること。発電の方法には、火力発電、水力発電、原子力発電、太陽光発電、太陽熱発電、地熱発電、潮力発電、風力発電など、さまざまな方法がある。

火力発電所。

半導体　❶19
そのままでは電流がながれないが、熱や光などのしげきをあたえると、電流がながれる性質をもつ物質。

37

用語かいせつ

フィラメント　❶20
白熱電球の中に入っている、電流をながすと発熱して光を出す金属線。ふつうタングステンという金属がつかわれる。

不導体　❶18
電流がながれにくい物質。絶縁体ともいう。ビニールやゴムなどがある。
⇔導体

フレミングの法則　❹13
イギリスの科学者のジョン・フレミングが発見した、電流と磁界の関係をあらわす法則。電流が磁界の中でうける力のむきをしめす「左手の法則」と、磁界の中でうごく導線に生じる電流のむきをしめす「右手の法則」とがある。下の図のように、親指、ひとさし指、中指をたがいに直角になるようにひらくと、電流、磁力、力のむきがわかる。

●フレミングの左手の法則　●フレミングの右手の法則

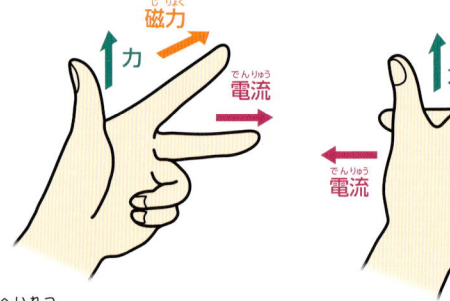

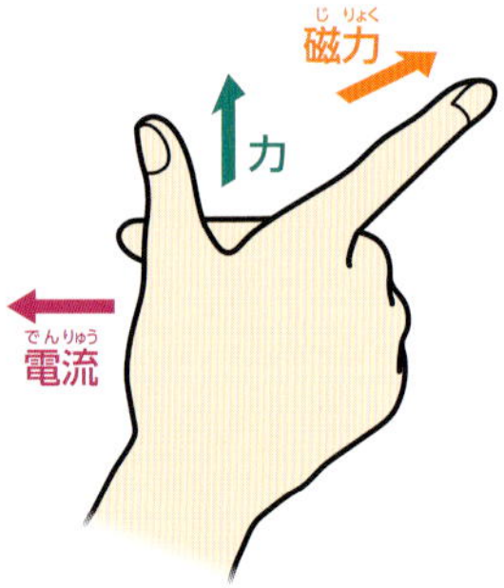

並列つなぎ　❶12
電源やスイッチ、電球などを、とちゅうでわかれるようにつなぐつなぎかた。
⇔直列つなぎ

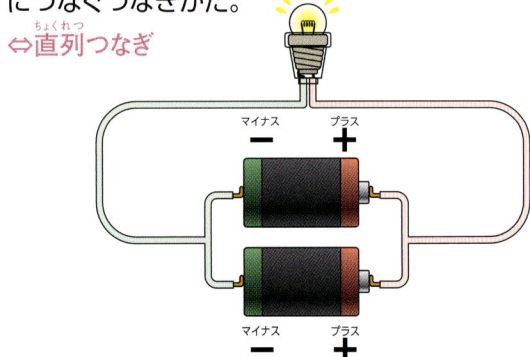

変電所　❹24
発電所でおこした電気を、つかう場所にあった電圧にさげる施設。

◆ま行◆

まさつ電気　❹16
ことなる種類の物質をこすりあわせることでおきる電気のこと。いっぽうの物質に－の電子が移動することで、電子をうしなった物質は＋に、電子をうけとった物質は－に帯電する。静電気。

無線（無線通信）　❺15、24
ケーブル線などをつかわず、電波をつかって情報をつたえるしくみ。

モーター　❸
電流と磁力を利用して回転運動をつくる装置。直流電流でうごく直流モーター、交流電流でうごく交流モーター、回転を直線のうごきにかえたリニアモーターなどがある。

●直流モーターの構造

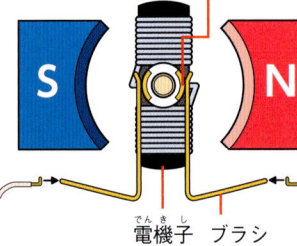

整流子／電機子／ブラシ

◆ら行◆

レーダー　❺25
電波を発射し、反射してもどってきたときの波のつよさや時間などをしらべて、ものの位置や大きさなどをさぐる装置。気象を観測するためや、船や飛行機が安全に航行するためなどにつかわれる。

気象観測をする気象レーダー。

さくいん

◆あ行◆
- アーク灯 ……………………… 26
- 亜鉛板 ……………………… 32、33
- アルカリかん電池 ………… 14、28
- アルカリ水溶液 ………………… 14
- アルミニウム …………………… 18
- イオン ……………………… 16、33
- イルミネーション ………… 7、24
- エジソン(トーマス・エジソン) … 26、27、28、29
- エジソン電球 …………………… 28
- LED(発光ダイオード) …… 19、24、25、27、30、32、33
- LED式信号 ……………………… 25

◆か行◆
- ガイスラー管 …………………… 27
- かいちゅう電灯 ………… 5、10、14
- 回路図 …………………………… 11
- 化学反応 ……………… 14、16、33
- 化学反応電池 …………………… 14
- 雷 ………………………………… 18
- ガラス …………………………… 18
- かん電池 ……… 10、11、12、13、14、15、16、17、30
- 環(リング)状蛍光灯 …………… 23
- クエン酸 ………………………… 33
- クリア電球 ……………………… 21
- 蛍光体 ……………………… 22、23
- 蛍光灯 ……………… 10、22、23、27
- ゲルマー(エトムント・ゲルマー) … 27
- 原子 ………………………… 16、21、33
- 原子核 ……………………… 16、19
- コンセント ……………………… 11

◆さ行◆
- 酸化銀電池 ……………………… 14
- 残光形蛍光ランプ ……………… 27
- シャンデリア電球 ……………… 21
- 充電 ……………………… 14、15
- 自由電子 ……………… 16、19、21
- 充電池 …………………………… 14

水銀 ……………………………… 23
- 水銀電池 ………………………… 14
- 水素吸蔵合金 …………………… 15
- 絶縁体 …………………………… 18
- 絶縁物 …………………………… 17

◆た行◆
- 太陽電池 ……………………… 14、15
- 単1(単1かん電池) ……… 17、28、31
- タングステン ……………… 20、21、26
- 単5 ……………………………… 17
- 単3(単3かん電池) ……………… 17、30
- 炭素 ………………………… 18、26
- 炭素棒 …………………………… 17
- 単2 ……………………………… 17
- 単4 ……………………………… 17
- 中性子 …………………………… 16
- 直列(直列つなぎ) ……… 12、13、29
- テスター ……………………… 30、31
- 鉄 ………………………………… 18
- 電圧 ……………………………… 17
- 電解液 ……………………… 15、16、33
- 電化製品 ……… 4、5、11、13、19、25
- 電気回路(回路) ………………… 11
- 電球 ……… 8、10、16、21、23、26、28、29
- 電球型蛍光灯 …………………… 23
- 電球式信号 ……………………… 25
- 電源 ……………………………… 11
- 電光掲示板 ……………… 7、8、25、27
- 電子 …… 15、16、17、19、21、23、25、33
- 電池 ……… 11、14、15、16、19、26、32、33
- 電流 …………… 10、11、12、14、16、17、18、19、20、21、23、24、25、26、29、30、31、32
- 銅 …………………………… 18、33
- 導線 ……… 11、12、13、16、17、18、19
- 導体 ……………………… 18、19
- 銅板 ………………………… 32、33

◆な行◆
- 中村修二 ………………………… 24

鉛蓄電池 ………………………… 15
- 二酸化マンガン ……………… 14、17
- ニッケル ………………………… 15
- ニッケル水素電池 ……………… 15
- 燃料電池 ……………………… 14、15

◆は行◆
- 白熱電球 …… 20、21、22、23、26、27、29
- 半導体 ……………… 15、19、24、25
- ビニール ……………… 18、19、31、33
- ビニール線 ……… 28、29、30、31、32、33
- フィラメント …… 20、21、23、26、28、29
- 不導体 ……………………… 18、19
- ＋(＋極) ……… 12、13、16、17、25、33
- プラスチック …………………… 18
- 並列つなぎ ………………… 12、13
- ボタン電池 ……………………… 14
- ボルタ …………………………… 15
- ホワイト電球 …………………… 21

◆ま行◆
- －(－極) ……… 12、13、16、17、25、30、33
- 豆電球 ……… 11、12、17、18、21、30、31
- マンガンかん電池 ……………… 14、17
- みのむしクリップ ……………… 28、29
- ムーア(ダニエル・ムーア) ………… 27
- ムーアランプ …………………… 27

◆や行◆
- 屋井先蔵 ………………………… 15
- 陽子 ……………………………… 16

◆ら行◆
- リチウム ……………………… 14、15
- リチウムイオン電池 …………… 15
- リチウム一次電池 ……………… 14
- レフ電球 ………………………… 21
- ろうそく ………………………… 26

39

■監修
米村　でんじろう（よねむら　でんじろう）
1955年、千葉県に生まれる。東京学芸大学大学院理科教育専攻科修了後、自由学園・講師、都立高校教諭をつとめた後、広く科学の楽しさを伝える仕事を目指し、1996年4月独立。1998年「米村でんじろうサイエンスプロダクション」設立。現在、サイエンスプロデューサーとして、科学実験等の企画・開発、各地でのサイエンスショー・実験教室・研修会・各種テレビ番組・雑誌の企画・監修・出演など、さまざまな分野、媒体で幅広く活躍している。

■工作
中嶋組（中嶋　宏典）

■イラスト
荒賀　賢二（あらが　けんじ）

■写真協力
FDK株式会社、岡沢克郎／アフロ、株式会社キクテック、気象庁、国立科学博物館、小橋憲、CYCLE SHOPくにたちビーエス販売、三洋電機株式会社、シャープ株式会社、新神戸電機株式会社、セブン&アイ・ホールディングス、株式会社仙台銘板、第四管区海上保安本部、電気の史料館、社団法人電池工業会、東京タワー、東京電力株式会社、東芝科学館、東芝ライテック株式会社、日本航空、日本信号株式会社、函館市農林水産部水産課、株式会社八洋、パナソニック株式会社、パナソニック電工株式会社、パナソニックモバイルコミュニケーションズ株式会社、日立アプライアンス株式会社、八木アンテナ株式会社、株式会社ライトビコー、ライファ安城、株式会社楽天野球団、LAN工事ドットコム、株式会社レボルディア、ローム株式会社、©Artur Synenko - Fotolia.com、©gradt - Fotolia.com、©Julián Rovagnati - Fotolia.com

※この本のデータは、2010年12月までに調べたものです。

■デザイン・DTP
菊地　隆宣
長江　知子

■編集
こどもくらぶ
こどもくらぶは、あそび・教育・福祉分野で、子どもに関する書籍を、企画・編集しているエヌ・アンド・エス企画編集室の愛称。
ホームページ　http://www.imajinsha.co.jp

■制作
(株)エヌ・アンド・エス企画

明かりのひみつ　　　電気がいちばんわかる本①　　　N.D.C.545

2011年3月　第1刷発行©　2019年3月　第3刷

監修　　米村　でんじろう
発行者　長谷川　均　編集　堀　創志郎
発行所　株式会社ポプラ社
　　　　〒102-8519　東京都千代田区麹町4-2-6　8・9F
　　　　電話　営業：03(5877)8109　編集：03(5877)8113
　　　　ホームページ　www.poplar.co.jp
印刷　　瞬報社写真印刷株式会社
製本　　株式会社難波製本

無断転載・複写を禁じます。

Printed in Japan　　　　　　　　　　　　　　　　　　　　　　39p 27cm
●落丁本、乱丁本はお取り替えいたします。小社宛にご連絡ください。
　電話 0120-666-553
　受付時間：月〜金曜日　9：00〜17：00（祝日・休日は除く）
●本書のコピー、スキャン、デジタル化等の無断複製は著作権法上での例外を除き禁じられています。本書を代行業者等の第三者に依頼してスキャンやデジタル化することは、たとえ個人や家庭内での利用であっても著作権法上認められておりません。

ISBN978-4-591-12322-5

P7099001

電気がいちばんわかる本

全5巻

1 明かりのひみつ
2 熱のひみつ
3 モーターのひみつ
4 発電のひみつ
5 電波のひみつ

米村でんじろう 監修

小学校中学年〜高学年向き　各39ページ　N.D.C.540
A4変型　オールカラー　図書館用特別堅牢製本図書

★ポプラ社はチャイルドラインを応援しています★

18さいまでの子どもがかけるでんわ
チャイルドライン®
0120-99-7777
ごご4時〜ごご9時　＊日曜日はお休みです
電話代はかかりません
携帯・PHS OK

18さいまでの子どもがかける子ども専用電話です。
困っているとき、悩んでいるとき、うれしいとき、
なんとなく誰かと話したいとき、かけてみてください。
お説教はしません。ちょっと言いにくいことでも
名前は言わなくてもいいので、安心して話してください。
あなたの気持ちを大切に、どんなことでもいっしょに考えます。

LED(エルイーディー)信号灯(しんごうとう)の LED(エルイーディー)の数

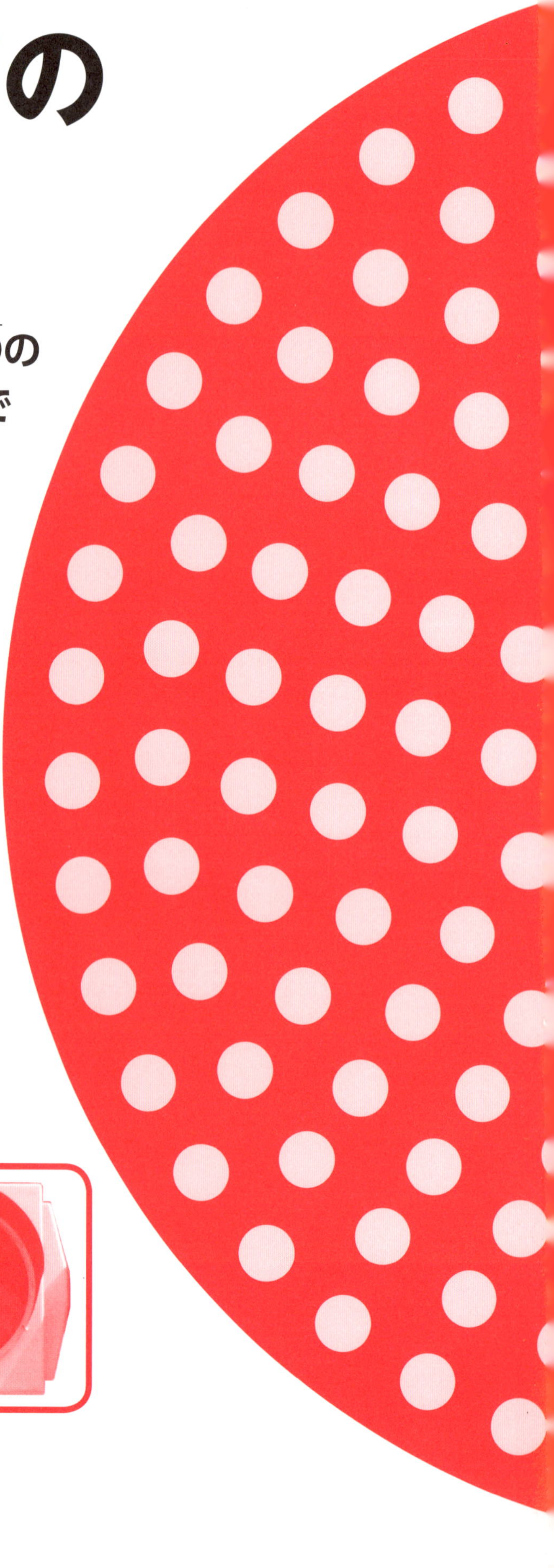

Q 右は、全国(ぜんこく)で見かけるLED(エルイーディー)の信号灯(しんごうとう)です。この信号灯(しんごうとう)では、LED(エルイーディー)はいくつつかわれているでしょう。

上はLED(エルイーディー)が92こつかわれているタイプ。

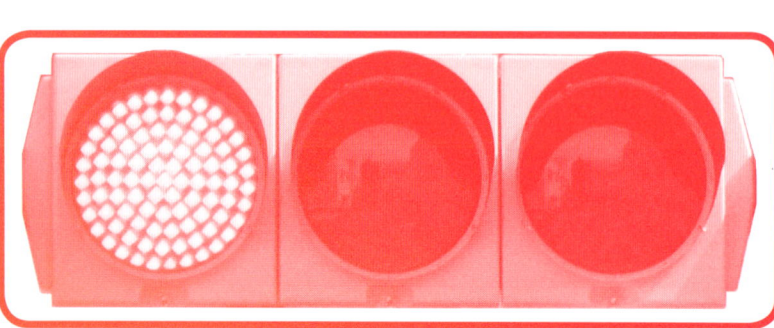